社 会 风 险 与 社 会 建 设 丛 书

技术风险与社会建构

核电风险研究的视角转向

崔玉丽 著

中国社会科学出版社

图书在版编目（CIP）数据

技术风险与社会建构：核电风险研究的视角转向／崔玉丽著．—北京：中国
社会科学出版社，2022.8
（社会风险与社会建设丛书）
ISBN 978 - 7 - 5227 - 0471 - 5

Ⅰ.①技…　Ⅱ.①崔…　Ⅲ.①核能—风险管理—关系—社会管理—
研究—中国　Ⅳ.①TL②D63

中国版本图书馆 CIP 数据核字（2022）第 128312 号

出 版 人　赵剑英
责任编辑　田　文
特约编辑　金　泓
责任校对　杨沙沙
责任印制　王　超

出　　　版　中国社会科学出版社
社　　　址　北京鼓楼西大街甲 158 号
邮　　　编　100720
网　　　址　http://www.csspw.cn
发 行 部　010 - 84083685
门 市 部　010 - 84029450
经　　　销　新华书店及其他书店

印　　　刷　北京君升印刷有限公司
装　　　订　廊坊市广阳区广增装订厂
版　　　次　2022 年 8 月第 1 版
印　　　次　2022 年 8 月第 1 次印刷

开　　　本　710×1000　1/16
印　　　张　15.5
插　　　页　2
字　　　数　213 千字
定　　　价　85.00 元

总　序

　　党的十八大以来，中国式现代化发展进入快车道，中国特色社会主义进入新时代。习近平总书记深刻指出："我们的事业越前进、越发展，新情况新问题就会越多，面临的风险和挑战就会越多，面对的不可预料的事情就会越多。我们必须增强忧患意识，做到居安思危。"从国际来看，我国发展的内外部环境进一步发生了重大变化，以美国为首的西方国家对我国的打压、遏制不断升级，突如其来的新冠肺炎大流行、俄乌冲突等，使得我国发展的外部不确定性不稳定性因素进一步增多。从国内来看，我国全面建成小康社会，进入全面建设社会主义现代化国家、向第二个百年奋斗目标进军的新征程。在这一伟大的历史进程中，经济社会发展方式面临深刻调整变化，各种风险挑战会更加复杂多变，其中社会领域的风险挑战自然会随之增多。社会领域的风险有的来自经济、政治、文化和自然环境领域，有的来自社会自身发展的不平衡不充分，有的来自社会诸多因缘的相互作用；有的来自国内，有的来自国际，有的内外因素皆有。与经济、政治、文化和自然环境风险相比，社会风险直接影响和威胁社会自身的有序运转和良性发展，严重的可能造成政局动荡、经济萧条、民生困难、社会失序。

　　中国共产党治国理政历来重视风险治理。党的十八大以来，以习近平同志为核心的党中央把防范和化解重大风险放在更加突出的位置。党的十九大在决胜全面小康社会建设的三大攻坚战中把"防范化解重大风险"作为首要任务，提出要防止"黑天鹅事件"和"灰犀牛事件"，从体制机制、方式方法、队伍建设、资源保障和科技支撑等多个方面进行了系统部署，有效化解、成功应对一系列重大风险挑战，为中国特色社会主义建设提供了可靠的保障，积累了很多有益的经验。作为专门从事社会发展和社会治理研究的学者，我一直关注中国现代化进程中的社会变迁、社会稳定和社会治理，尝试运用社会学理论和方法、公共管理理论和方法研究社会发展中的风险挑战。在诸多理论和方法中，我感觉社会建设既是现代化发展的重要领域，也是一个比较有用的概念工具，尤其对于理解和应对社会风险具有较强的解释力。

社会建设是中国特有的概念，由孙中山先生最先提出。辛亥革命后，孙中山先生苦于中国一盘散沙的混乱局面，提出要在推翻专制统治之后建立民国，建立民国的关键在于行民权。开展"社会建设"是"以教国民行民权之第一步也"。他所提的"社会建设"主要是教人如何开会，涉及小到一般性会议大到正式的各级议会的程序、权利、决议等。20 世纪 30 年代，社会学家孙本文教授在其《社会学原理》著作中单辟"社会建设与社会指导"一节，还写过关于"社会建设"的专题文章；并在 1944 年联合中国社会学社和社会部合办《社会建设》月刊，自任主编，出过十余期。孙本文认为，"依社会环境的需要与人民的愿望而从事的各种社会事业，谓之社会建设"。新中国成立后，我国成功地进行社会主义改造，社会事业取得了很大成绩，但是，人们很少使用社会建设一词。

21 世纪之初，在改革开放的伟大进程中，我国经济建设取得巨大成就，社会领域的问题却不断积累起来，经济社会发展不平衡的问题日益凸显。实践推动着党的理论不断创新。2002 年，党的十六大把"社会更加和谐"作为全面建设小康社会的重要目标之一。2004年，党的十六届四中全会第一次提出"构建社会主义和谐社会"和"社会建设"的概念。2006 年，党的十六届六中全会明确提出，要"着力发展社会事业、促进公平正义，推动社会建设和经济建设、政治建设、文化建设协调发展"。2007 年，党的十七大提出要"加快推进以改善民生为重点的社会建设",社会建设是中国特色社会主义事业总体布局"四位一体"的重要组成部分,改善民生是社会建设的重要任务。2012 年,党的十八大提出要"在改善民生和创新管理中加强社会建设",社会建设成为中国特色社会主义事业总体布局"五位一体"的重要组成部分,社会建设的重点任务进一步拓展为民生保障和社会治理两个方面。

国际上虽然没有"社会建设"这一概念,但不等于国外没有社会建设事业。在西方发达国家现代化历程中,社会建设是伴随工业化特别是工业革命而来的。近代以来,工业革命对传统的农业社会的生产生活方式和社会关系产生了巨大的冲击,原有的社会关系、社会运行方式和社会保护模式不能适应形势变化的要求,为了应对新兴的社会风险,例如,失业、工伤、疾病、贫困、年老、社会治安恶化以及社会失序等风险,需要建立一套新的社会运行和社会保护规则、制度和模式。于是,各种新的社会保障、社会福利、社会保护、社会发展制度应运而生,其实质是社会建设。因此,可以认为社会建设的本质是通过社会重组和社会重建,应对现代社会变迁带来的社会风险,保障和改善民生,促进社会发展进步。

现代化发展越快,社会风险越大,社会建设越重要。在当前我国全面建成小康社会、实现第一个百年奋斗目标之后,开启全面建设社会主义现代化国家新征程向着全面建成社会主义现代化强国的第二个百年奋斗目标迈进的历史交汇关键节点,作为社会学领域的研究者,把近几年自己和我的博士研究生关于社会建设、社会治理的研究成果编著出版,集结为"社会风险与社会建设丛书",不断吸纳相关研究成果,是推进社会领域现代化的使命所在。同时,也是为青年研究者提供一个展示交流平台,支持他们扎根中国社会,不断地提出新概念、提炼新范式、构建新理论,在学术道路上更快成长,这也是作为博士生导师的心愿。

龚维斌

前　言

　　技术在现代社会发展过程中扮演着关键性的角色。我们今天所处的时代是技术快速发展的时代，技术成为当代社会最显著的特征之一。随着技术水平的不断提高，技术逐渐成为塑造人们社会生活并决定人类未来命运的决定力量，技术在给人类社会带来福祉的同时，也把人类社会带入到高风险社会阶段，技术的飞速发展成为重大的风险源。由于人类的实践范围和认识能力的有限性，技术本身会存在不同程度的不完善，进而带来应用的不确定性，也就是技术本身的风险，或称之为技术风险的客观性。而随着技术与社会的关系日益紧密、一体化发展，科学技术成为经济部门和政府全面参与的社会事业，科技研发及其成果应用一定程度上受到社会的干预。技术与社会日益复杂的互动合作导致了技术社会化和社会技术化，且二者呈现出加速深化的态势。在这种情况下，技术研发的进程和研究人员的行为特征就不易保持纯粹的"价值中立"，过多的社会干预也会影响研究人员的研究自由和自主性，甚至出现某些部门的指令裹挟技术的研发应用，这些因素都会影响公众对技术的感知认识，也可能导致社会群体之间对抗性的强化或弱化技术风险，进而引发社会风险。社会公众对技术风险的认知更多是基于个体或群体的经验、文化、知识、价值立场、利益等基础上的社会建构，建构的技术风险较大程度地影响技术的应用实践，进而影响技术发展的进程。

　　20世纪初，"核"刚从实验室出来就被拖进战争的深渊，科学的二重性在"核"上体现得淋漓尽致。人们通过原子弹跨入核时代，核给人留下残酷的形象，之后的核能和平利用也一直饱受争议。核电站是核能和平利用的主要途径，因核风险的特殊性（不确定性、一旦发生不可逆性等高风险）使核电站成为人类60多年来争议不休的话题，世界上几次大的核电事故发生后人们更是谈"核"色变。风险是从物理方面和社会方面产生影响的组合体，或者说既是对人们造成伤害的一种客观威胁，也是一种文化与社会经历的产物。核电风险是由客观实在和主观建构组成的，核电从一开始就不仅仅是能源问题、经济问题、环保问题，更是复杂的社会问题。随着核能技术应用领域的推广，公众的核能技术认知水平不断提高，公众的核能接受度逐渐成为影响一个国家或地区核能工业能否顺利发展的关键因素。

在人类社会已进入风险社会的当下，公众风险感知更强，风险逐渐被视为一件复杂的事，其中既有现实的外部因素，也是一个社会建构过程。随着技术创新和社会变迁的加速推进，风险与社会互动更为复杂，风险不仅仅在技术应用的过程中产生，也在赋予意义的过程中被生产出来。在能源结构不合理和碳排放峰值指标、雾霾严重等环境问题的压力下，安全发展核电是中国能源战略的必然选择。而核电风险的社会建构性、当下中国社会转型的复杂性和风险社会下人们的风险敏感性使得实现核电发展不仅仅是技术的问题，公众如何认知、社会能否接受核电风险等社会因素日益成为影响核电发展的关键。核电技术是人类社会第三次技术革命的代表性技术之一，随着第四次技术革命的推进，越来越多的新技术不断涌现，互联网技术、人工智能、生物技术、云计算、大数据等新技术新应用快速发展，共享经济、电商网购、线上服务等新业态新模式蓬勃发展，成为新时代经济社会发展的新动能。新技术的不确定性、新应用的"内在破坏性"使得人们对新技术及其应用带来的后果充满质疑和恐惧，如近几年对转基因食品、基因编辑等的争议，专家、学者、民众、媒体难以互相说服，由此带来的技术风险进而衍生社会风险影响社会秩序。对此，必须高度重视，不断强化技术研发及应用的伦理道德规范和法律规范，加大科技知识教育普及，建立技术风险防控机制，提高社会风险治理能力，及时预防和化解新技术引发的社会风险，满足人民日益增长的美好生活需要。

目　录

第一章　技术与风险

技术是人类社会最显著的特征之一。技术的好处是真实的，而技术的风险也是真实的。第一次、第二次技术革命凸显了技术的巨大威力，使人类的社会生活发生了前所未有的改变。由此人们对技术的崇拜和依赖使得技术发展和应用一日千里，但技术本身的不确定性和人类认识能力的局限性，导致技术水平越高给人类带来更大的益处的同时危害程度也会越高。"现代技术……已经把人的力量凌驾于一切已知或可以想象的东西之上。……技术可能朝着某个方向达到了极限，再也没有回头路，由我们自己发起的这场运动最终将由于其自身的驱动力而背离我们，奔向灾难。"[①] 正如有光就有影，人类在发明创造并拥有这一切技术的时候，也同时面临核泄漏、酸雨、臭氧层空洞乃至伴随技术带来的种种风险。

第一节　技术与社会

提起技术，通常是与研发、设计、建构及操控技术的人和制定技术政策的人及其社会关系分不开的。这说明技术是具有社会性的。技术与社会的关系不仅自人类诞生之日起就客观存在着，而且表现出不同的时代特征。刀耕火种表明人类社会跨入文明的门槛；木器陶器的

---

① ［德］汉斯·约纳斯：《责任原理》，方秋明译，世纪出版有限公司2013年版，第1—2页。

发明及使用是原始社会生产力水平的重要标志；奴隶社会的铜器、封建社会的铁器、资本主义社会的机器等的推广及其使用，以及当今时代高新技术的推广使用，都是技术与社会在不同时期的某个层次、某个环节或某方面相互作用的关系的体现。随着技术的发展和社会的进步，技术与社会相互渗透嵌入及相互作用的程度越来越深。

一　技术及其发展历程

人类历史就是一部技术史。人类发展经历了漫长的时期，技术的发展源于人类生存和进化的需要。正因为有了技术（工具），才使人类从周围的动物中分离出来，逐渐从野蛮走向文明。尤其是现代科技革命以来，技术与人类的发展可谓日新月异。

（一）技术的概念

从广义的角度看，技术是经济、文化、历史、科学发展的标志。石器、青铜器、铁器、手工工具到自动化机械、网络信息工具等都作为技术的载体，标志着人类发展的每一个时期。如何定义技术的概念？从不同的角度观察，技术会呈现不同的形象和部分本质的内容。《辞海》强调技术是人们在生产或服务过程中综合运用的经验、知识、技能和物质手段相结合的系统，技术被定义为劳动工具和技能的综合。联合国世界知识产权组织将技术定义为："技术是指创造一种产品的系统知识，所采用的一种工艺或提供的一项服务，不论这种知识是否反映在一项发明、一项外观设计、一项实用新型或者一种植物新品种，或者反映在技术情报或技能中，或者反映在专家为设计、安装、开办或维修一个工厂，或管理一个工商业企业活动而提供的服务或协商等方面。"[1]《自然辩证法百科全书》把技术定义为："人类为了满足社会需要依靠自然规律和自然界的物质能量和信息来创造、控制、应用和改进人工自然系统的手段和方法。"《简明不列颠百科全

---

[1]　杜奇华主编：《国际技术贸易》第 2 版，复旦大学出版社 2012 年版，第 3 页。

书》中的定义为："技术是人类改变或控制客观环境的手段或活动。"而在《美国国家技术教育标准》中认为技术不仅可以表示创造产品所需的知识体系，还可以表示技术知识的产生过程以及技术产品的开发过程。现实中人们在使用技术的概念时，有时也指包括产品、知识、人员、组织、制度和社会结构在内的整个系统。从以上技术定义来看，技术不仅仅指自然技术，还包括人文技术和社会技术。① 技术通常有抽象和具体两种不同的存在形态，只告诉人们应当如何做等操作的程序是技术的抽象形态，被称为技术方法；而可以被实际操作的系统则是技术的具体形态，被称为技术工具。实践中技术的两种存在形态是相辅相成的。

技术与科学是一对孪生概念，经常被放在一起统称为"科技"，但技术与科学的概念是不同的。科学旨在研究自然和社会的本质及其运动规律，其知识体系是关于自然和社会本身的，是为了帮助人们认识世界的；而技术则是人们创造出来用于解决改造自然过程中遇到的各种自然和社会问题的工具和方法体系，是为了帮助人们改造世界。

（二）技术的发展历程

人类社会的发展进程，与新技术的发明和应用有着密切关系。正是技术的发明应用，引发了人类历史上几次工业革命，推动了生产方式的变革，实现了人类社会的发展。每一次工业革命的兴起都是以一定的主要技术为标志的，因此，从历次工业革命的脉络梳理技术的发展历程，大致经历以下技术发展阶段。

1. 第一次工业革命

兴起于 18 世纪中期完成于 19 世纪 40 年代的第一次工业革命的主要技术标志是蒸汽机技术，这次技术发展史上的巨大革命发生在英国，但蒸汽机技术的开始并不是起于英国，而是古希腊的希罗发明的一种装置，英国的纽可门发明的常压蒸汽机是后来瓦特发明和改进蒸

---

① 赵晖、田鹏颖编著：《从社会技术到社会工程》，辽宁人民出版社 2008 年版，第33 页。

汽机的前身，任何技术上的发明创造都是基于解决实际问题，在一项技术或一类技术与一项技术或一类技术之间及其相互作用下，形成一个特定结构的技术体系。这个时期的技术体系就是蒸汽—机器时代的技术体系，主要表现在工作机、动力机和机器系统等方面的发明。在这个技术体系中，蒸汽机技术可以称为基础技术，轮船、火车以及其他以蒸汽机为动力的工作机就是蒸汽技术的应用领域。正是蒸汽机基础技术和蒸汽机应用技术的发展实现了动力机、传动机、工作机组成的机器生产系统，造就了技术史上的一次伟大的飞跃，也带动了纺织技术、印染技术、火药技术、照明技术等的发展，这些技术的发展使得英、法、德、美等国家相继完成了第一次工业革命，推动人类社会生产方式从工场手工业到机器大生产的变革，由此跨入蒸汽时代。

2. 第二次工业革命

兴起于19世纪六七十年代完成于20世纪40年代的第二次工业革命的主要技术标志是发电机、电动机和内燃机技术。在这次工业革命的技术体系中，发电机、电动机和内燃机是基础技术领域，电力、电镀、电讯和照明成为电力技术的四大应用技术领域，汽车、火车、轮船则成为内燃技术的三大应用技术领域，后来内燃技术的应用技术领域又渗透到飞机、农机、军械等领域。同时，蒸汽技术也在不断更新换代，推动了外燃机技术的发展，由此，由外燃技术和内燃技术构成的热力技术和电力技术为主体的动力技术体系基本形成。在动力技术带动下，冶金技术、化工技术也在不断发展进步。这四大新兴技术群的兴起使得第一次工业革命中形成的产业结构发生变革，推动了以电力技术和内燃技术为基础技术的煤炭、钢铁、机械、汽车、火车、飞机、化工等产业的发展，形成了新的产业结构体系。也为第三次工业革命的兴起奠定了直接技术基础。

3. 第三次工业革命

兴起于20世纪四五十年代的第三次工业革命的主要技术标志为核能技术、电脑技术和空间技术。是以三大主体技术为主并涉及信息技术、新能源技术、新材料技术、生物技术和海洋技术等诸多领域、全方位的一场综合性的技术变革，也是一场以美国为代表并迅速席卷世界的科技大爆炸。在这三大主体技术中，核能技术是对当代世界影响最大的技术领域，从20世纪40年代中期第一颗原子弹爆炸起，核能技术无论是在其基础技术领域还是在其应用技术领域都在不断发展；计算机信息技术也是本次工业革命中影响较大的技术，随着晶体管的技术发明，晶体管计算机于1959年问世，其运算速度不断提升，超级计算机极大地推进了空间技术、原子能技术等领域的发展。第三次工业革命各个技术领域相互渗透、相互促进，空间技术的发展推动了信息处理技术的进步，计算机信息技术的飞跃又反过来促进空间技术的突破，多方面、多领域、多专业协同促进创新发展，共同推动了技术综合性的发展，其科技成果对人类社会的影响也是方方面面的，不仅提高了劳动生产力，还深刻影响了人类的衣、食、住、行、用等生活体验，丰富了人类的社会生活。

4. 第四次工业革命

正在进行着的第四次工业革命的主要技术标志为人工智能、物联网、机器人及云计算等技术。第四次工业革命的核心是网络化、信息化与智能化的深度融合，融合了在物理、数字和生物领域之间界限模糊的技术，是一场数字革命，必然催生数据分析、云计算、人工智能等新兴业态，也会促进机器人、互联网、软件等相关行业的快速发展，推动传统产业与数字技术结合带动产业转型升级，引发对人力与机器结合的劳动形式和要求的重塑，人类由此进入了信息时代、数据时代，改变了人类的生产方式和生产关系。第四次工业革命的技术成果正在全面、深刻地改变着世界经济、社会的方方面面，人工智能正在引领人类社会进入新纪元。

二　技术与社会的关系

每一次的技术革命，都会带来人类生产方式的变革和发展，不仅深刻影响着人类社会生活，更是会导致社会形态的改变。正如马克思在《哲学的贫困》里说道，"手推磨产生的是封建主的社会，蒸汽磨产生的是工业资本家的社会"。而技术的发明创造和应用都是在一定的社会关系和社会环境中进行的，技术与社会之间从一开始就是相互影响、相互制约的复杂性关系，而不是简单地技术决定社会或者社会决定技术一言概之。由于现实的技术现象和社会现象都极其复杂，不同的人们从不同的视角审视技术与社会的关系，会提出不同的观点和看法。

（一）技术决定论

作为一种思潮，技术决定论（technological determinism）是20世纪20年代在西方出现的，并逐渐成为技术发展理论中最具影响力的一个流派。德国的斯本格勒、美国的芒福德、法国的埃吕尔等都是技术决定论的代表人物，他们都倾向于单向地看待技术与社会的关系，只看到技术发展对社会的影响和作用，无视社会对技术的影响和制约，认为技术发展是在其内在逻辑和规律中自我展开的过程，与社会的环境条件没有关系。但他们对于技术决定社会的后果持不同的态度，有的悲观，有的乐观。埃吕尔、芒福德就表现出对于技术治国的无奈、忧郁，属于悲观主义的技术决定论者；技术乐观主义者则认为技术构造的世界是无限美好的，美国学者丹尼尔认为，科学技术对社会物质财富增长的重要性日益突出，对技术立国比较赞赏。我国学者于光远编著的《自然辩证法百科全书》中将其界定为："技术决定论通常是指强调技术的自主性和独立性，认为技术能直接主宰社会命运的一种思想。技术决定论把技术看成是人类无法控制的力量，技术的状况和作用不会因为其他社会因素的制约而变更；相反，社会制度的性质、社会活动的秩序和人类生活的质量，都单向地、唯一地决定于技术的发展，受技术的控制。"很明显，技术决定论走了极端，片面夸大了技术在社会关系中的地位和作用，完全忽略了技术是这个社会整体系统中的一个子系统，必然会受到其他系统的干扰和影响，忽视了社会对技术发展应用的塑造和影响。这种完全脱离社会去看技术的思想无法解释技术为什么会产生，也无法说明技术为什么会发展和怎样发展的。之所以存在这种思想，是与人类凭借技术征服自然的胜利并陶醉其中有关系的，但当自然界开始报复，当技术发展被社会制约的最新事实出现后，技术决定论的局限性、片面性就暴露出来了，也日益受到质疑。

（二）社会决定论

在技术决定论日益受到质疑和批判的过程中，社会决定论逐渐发展起来。它主要关注技术的社会构成，认为技术属于一种社会文化，存在和发展于一定的社会之中，主张社会是一种独立于技术的自主力量，技术对社会的影响只能由社会决定，正是社会的引导或某种作用影响了技术的发展，技术演进是由社会演进引起的，而不是技术影响社会。与技术决定论相比，社会决定论的两个主要论点：一是社会是一种自主力量或独立因素，二是社会变迁引起技术变迁。但社会在多大程度上影响技术而不被技术影响成了社会决定论分化的标准，认为社会绝对自主，社会才是技术变迁的重要原因的就是强社会决定论；认为社会影响技术发展方向，但也承认技术有自身的规律性并对社会有影响的就是弱社会决定论。强社会决定论认为技术绝对不是有内在逻辑的东西，而是社会的、文化的、政治的、价值的展示，强调技术发展植根于一定的社会背景，并由此社会文化的、经济的、政治的选择来决定的，而不是由自身特定的逻辑决定，是社会的政治制度、经济制度、社会文化、风俗习惯、伦理道德等社会因素建构和影响了技术发明和应用等技术演进的过程。强社会决定论肯定了技术的社会价值构成，但并没继续探讨社会对技术的控制问题。同时，社会决定论忽视技术所具有的必然的客观规律，有些技术规律是不能被协商和建构的，比如，车轮是圆形并不是方形，并不是社会建构的结果，而是由圆形与方形的内在性质决定的。因此，社会决定论产生不久也受到了质疑与批判。

从技术决定论的极端走向社会决定论的极端，都是片面的、偏颇的。技术既具有自然属性又有社会属性，技术与社会之间必然是互动的、相互影响的，而不是一方决定一方。

（三）马克思关于技术与社会之间关系的论述

马克思技术思想的核心内容就是揭示技术与社会的互动关系。他把技术观念引入自己的研究领域，旨在揭示技术进步与社会变迁、阶级斗争、经济结构等的内在联系。在他看来，任何技术形态都是以人的活动及其社会关系纽带为基础的，存在于一定的社会场景之中，马克思在其著作《资本论》中指出，研究技术，会把人类对自然的能动关系、把人类生产的直接过程以及由此把人类社会生活关系等揭露出来。

马克思认为，技术是一种生产力，是一种推动社会发展的革命力量，在社会变迁中起着巨大的作用。"蒸气、电力和自动走锭纺纱机甚至是比巴尔贝斯、拉斯拜尔和布朗基诸位公民更危险万分的革命家。"① 火药、指南针、印刷术三大发明预告了资产阶级社会的到来，火药代替了冷兵器，把骑士阶层炸得粉碎，指南针明确了航海的目标方向，为掠夺殖民地提供了可能，印刷术变成新教的工具，变成科学复兴的手段，从而推动封建社会的没落和资产阶级社会的产生。对此，恩格斯也认为，发明了机器，但机器又导致手工劳动衰落和工业品价格暴跌，继而引起工场手工业崩溃，古老的封建家庭手工业逐渐瓦解。为什么技术对社会的作用这么大？是因为机器是一种生产力，协作、分工和机器的应用或科学的应用是提高生产力的主要形式。马克思在《资本论》中也认为，随着科学和技术的不断进步，劳动生产力也会不断发展。技术是生产力，生产力又是构成一个社会的经济基础，所以，蒸汽技术和新的工具把工场手工业变成了现代的大工业，也把资产阶级社会的整个基础都革命化了。

---

① 《马克思恩格斯选集》第 1 卷，人民出版社 2012 年版，第 775 页。

至于社会对技术的影响，马克思认为，技术是构成社会的基本要素，不存在独立于社会的技术。从技术的产生看，社会的需要是技术产生和发展的动力。马克思在《德意志意识形态》中指出，人们必须能够生活是一切历史的第一个前提，而为了生活，首先就需要吃喝住穿等一些东西。因此，生产满足这些需要的资料的本身就成为第一个历史活动。人们的生存成为第一个需要，"已经得到满足的第一个需要本身、满足需要的活动和已经获得的为满足需要用的工具又引起新的需要"①。新的需要又推动新的技术的产生。从技术的本质来看，马克思认为，技术作为人的创造物，本质上不过是人的本质力量的对象化。正是社会生产的不断发展为技术不断开辟新的研究领域，并为新技术的产生发展提供物质基础。

马克思立足于历史唯物论和辩证方法，论述了技术与社会之间相互作用的辩证关系，有学者称马克思技术社会理论为社会技术整体论。社会技术整体论的观点包括三个方面：一是技术与社会是一个整体，观察技术现象必须结合社会实践，离开社会实践根本无法把握技术现象；二是技术与社会存在着双向的互动作用和影响，但各自保持着各自相对的自主性；三是技术与社会的互动使得社会技术整体处于永恒变动之中。技术在对生产要素渗透的同时也获得了因技术而不断发展进化的社会支持系统的推进，正是在这同一过程中，技术与社会互相影响促进并共同发展。坚持社会技术整体论，才能通过社会变革推动技术进步，使技术为经济社会发展作贡献，又避免因技术发展而带来的负面结果。

三　技术的社会过程

技术与社会相互影响、相互作用。根据马克思主义的唯物史观，对技术问题的研究更应该突出技术的社会人文性质，技术是人类的技

---

① 《马克思恩格斯选集》第 1 卷，人民出版社 2012 年版，第 159 页。

术，是社会中的技术，把技术作为一种特殊的社会现象纳入到社会生产方式中。关注技术的社会性，将技术视为社会文化实践，并不否定技术自身内在规律性和客观实在性，只是从社会视角关注技术问题，社会越复杂越需要技术的创新，社会因素对技术的影响也就越大。技术既然存在于社会中，也必然存在着社会化的过程。界定社会建构论的技术定义，分析技术的社会过程，有利于解释现实中人们对技术的认知、选择、应用等主观性对技术创新发展的影响，也能为降低或防控技术本身不确定性风险以及由此带来的社会风险提供理论基础。

（一）社会建构主义

建构主义原本是一种关于知识和学习的理论，强调学习是学习者在社会文化互动中基于原有知识和经验生成意义、建构理解的主动活动的过程。而社会建构主义，即社会建构论的早期形态，产生于20世纪20年代的知识社会学，知识社会学的主要观点为：社会文化是知识生产的决定因素。在社会学领域，知识社会学、符号互动论、现象学社会学以及常人方法论等理论为社会建构主义的兴起从不同角度提供了知识支持。1999年出版的《剑桥哲学辞典》中对"社会建构主义"的描述为：社会建构主义有不同的形式，但都持有一个共性的观点，即某些领域的知识是人们所处社会的社会实践和社会制度的产物，或者说是相关社会群体互动和协商的结果。社会建构主义有温和派和激进派，温和派主张社会要素形成了世界；激进派认为理论、实践和制度建构了世界或它的重要部分。建构论的支持者越来越多转向了激进的社会建构主义，因为他们认为世界只有通过他们的解释才存在，才能被理解。社会建构主义作为一种哲学思维，逐渐向技术研究领域渗透，与技术哲学结合，产生了社会建构论的技术哲学研究。

（二）社会建构论的技术观

技术决定论的盛行使人们对技术无比膜拜和依赖，技术发展如脱缰的野马失去了人类理性的控制，在第二次世界大战后，技术的负面效应开始全面显现，面对日益恶化的生存环境，一些社会学家、技术家、政治家开始反思，试图建立一种在社会人文价值理性引导下的技术理性发展的机制，依靠政治、文化、道德等社会力量约束技术、规范技术。因此，社会建构论的技术观应运而生。

社会建构主义关注技术与社会之间的广泛性联系，将技术视为社会文化实践，认为对技术的理解不应局限于技术本身内在的结构、逻辑，强调技术是在多种因素的共同建构中产生的，社会因素是理解技术发展的重要变量。社会建构论对技术的界定也是独特的，认为技术是在人类活动中形成的，是人类创造出来的文化形式。无论技术的方案设计还是技术的扩散应用都是人类的事务，打破了技术主体与技术客体的二元论，把技术界定为社会行动；社会因素渗透到技术的方方面面，全面打破技术与社会的边界，形成技术与社会的"无缝之网"，技术本身也成为了社会的。

（三）技术的社会过程

德国著名的技术哲学家拉普曾说过，"可以这样说明技术变化的过程：由特殊的文化态度、法律制度、社会结构和政治力量构成的社会，根据给定的技术知识和技能，考虑特殊的价值目标和观念，运用物质资源在经济过程的框架内生产和运用技术系统。然后，这个过程又反作用于以前的技术系统，从而促进技术的进一步发展"[1]。这种说法明显地把技术视为与复杂的社会相互作用中形成的过程，即技术的社会过程。狄尔克斯（M. Dierkes）、霍夫曼（U. Hoffan）也认为，"新技术创生、实现的每个阶段都包括一系列的选择，而众多与其相关的经济、社会、文化、政治、组织因素又影响着人们的技术选择。因此，一个新的研究领域已经兴起，在其中来自不同背景的学者增强着人们对技术发展的社会过程的理解"[2]。将技术视为社会过程的核

---

[1] 肖峰：《论技术的社会形成》，《中国社会科学》2002 年第 6 期。

[2] M. Dierkes, U. Hoffan（eds.），*New Technology at the Outset*, Campus Verlag/West View Press, 1992. 9.

心特点是凸显了技术的社会性和过程性。主要考察技术如何在特定的社会条件下形成和发展的，据此，将技术的发展植根于特定的社会环境，社会不同群体的文化观念、利益选择、价值取向、权力格局都决定着技术的变迁轨迹和发展状况。

社会需求为技术的产生和发展提供了动力，技术与社会的互动进而为技术的发展提供资源条件，技术发展脱离不了社会资源，也不能超越社会制约，正是综合性的社会因素造就了一个国家或地区的技术水平和发展状态。一项技术从应用研究、发明、实验到推广应用整个过程的每个环节都是人的理性活动，受人的有意识的价值支配，且服从于人的目标的制约，也必然会受到社会占支配地位的价值取向的制约。且技术产品的生产、分配、使用都是以劳动分工为特征的过程，这个过程必然涉及一定的社会成员，因此，技术作为整体不仅是个人的有意识的选择和有目的的活动，也是一种社会活动。因此，由一系列技术活动构成的技术发展就是社会建构的过程。

第二节　技术与风险

技术的特性及其与社会的关系决定了技术风险既包括技术本身的不确定性，也包括技术发明、使用等过程中引发的社会风险。技术的发现发明、实验应用都是在复杂的外部环境中运行的，并受人类的理性智慧所限。理论上讲，导致技术失灵、异化的技术内部或外部因素繁杂，环节、时机颇多，技术缺陷、故障及其风险不可避免，即技术本身存在着不确定性。随着技术与社会发展日趋一体化和风险社会的到来，人类对技术的高度依赖使得任何技术的不当利用都会造成一定的社会风险。再加上技术的社会建构性，某种程度上可能会激活不和谐因素，引发社会矛盾，带来社会风险。

一　风险及风险社会

风险与人类社会相伴相随，风险无处不在。随着全球化的深入、技术的不断发展以及后工业社会的到来，人类社会面临的不确定性越来越多，社会各领域、各方面、各层次等综合因素相互作用、相互影响更加复杂，人们的风险意识更加敏感，风险在当今社会的表现及发展影响也愈加多样，风险、人们对风险的认知、被感知的风险以及风险社会、现代风险等概念如何界定和理解，关乎风险的识别、防范和治理。

（一）风险

"风险"的概念最早来自于中世纪，出自西方，与当时的航海安全有关，主要是指商船在运输货物过程中可能遭遇触礁或海难等因素招致损失的危险。随后的几个世纪，这个词就指自然界的危险事件，不包括人为的错误和责任，强调人与自然界可能存在的损害关系。大约在 17 世纪，风险概念进入英语世界，其含义也发生了变化，逐渐与人的行为联系在一起，不仅指自然的部分，也包括人类及社会的部分。

"风险"作为一个舶来词汇，在中国语境中更多的是指现代意义上的含义，就是指"可能发生的危险"，代表着一种可能性，属于一个面向未来的可能性范畴。随着人类社会的发展，风险的概念也愈加丰富，从最初来自自然界的危险、人们努力去规避甚至创造出保险制度来转移风险，通过不断发展的科学技术去应对风险，到后来人类自身、科学技术本身等除自然界之外的社会也蕴含着"危险的可能性"，风险的来源、发展、表现更加复杂化，风险不仅仅属于可能性范畴中的概念，如 Maskrey（1989）认为风险是"某种自然灾害发生的可能性"；Tobin 和 Montz（1997）把风险定义为"某一个灾害发生的可能性概率和期望损失的乘积"。还属于历史性范畴，不同时期，风险的表现、规避方式是不同的；风险还属于关系性范畴，是在人与自然、人与人、人与社会之中形成的，也是普遍存在的，如 Crouhy michel（2000）等认为风险是"损失"与"不确定性"之间的关系，认为风险是主观的、个人心理上的一种观念，是人们主观上的一种认识。风险是指个人对客观事物的估计，不能以管控因素研究客观的尺度予以衡量；风险还属于价值性范畴，价值立场不同的人，对损害的理解就不同；风险还属于社会性范畴，人们长期的征服自然的实践使得纯粹的自然界范围越来越小，风险的表现、扩散以及损害越来越多社会化的特征，如贝克认为风险是"一种应对现代化本身诱致和带来的灾难与不安全的系统方法。是具有威胁性的现代化力量以及现代化造成的怀疑全球化所引发的结果。它们在政治上具有反思性"①。但不管怎样，这种"可能性的危险"是相对于人类来讲的，这就赋予了风险"主观特征"，即人们对风险的认知、感知，有的专家甚至认为人们感知到的风险才能成为风险。

（二）被感知的风险

风险不仅具有客观性，也具有社会性。社会学领域对风险的认识和研究主要聚焦在风险的社会过程和社会建构上，更倾向于研究社会中的人们对风险的认知以及社会综合因素对风险产生、发展、演变、防范治理的影响，因此，存在着被感知的风险或者说社会建构的风险。

美国学者山德曼（Pete. Sandman）认为：风险=危害+愤怒。风险包含了风险造成危害的后果，是一种物理性的，更为实际有形而且可以被量化的部分，通常也是专家认为的风险。愤怒则是公众对风险所引起的不安、不满以及所担心的表现和反应。这个定义不仅包括了专家们"理性"计算出的风险及危害，而且还扩充了公众对风险"感性"反应和心理恐慌，也就是公众对风险的感知。感知就是客观事物通过感官在人脑中的直接反应，人们所感知的东西，就是在自己心念作用下完成的。心念对客观刺激信号进行解读与破译，并在内心产生各种感觉。因此，风险认知和风险感知也逐渐成为风险研究领域的话题。风险认知不同，就会有不同的风险感知。风险认知是一种主

---

① Ulrich Beck, *Risk Society Towards a Newmodernity*, Translated by Mark Ritter, London Sage Publications, 1992, p. 21.

观认知，指人们对存在于外界环境中的各种客观风险的感受和认识，是一种个体基于自身经验、文化价值等基础上对风险的直观判断和主观感受。而风险感知是人们对某个特定风险的特征和严重性所作出的主观判断，是测量公众心理恐慌的重要指标。

被感知的风险就是现实中的风险通过人们的认知在内心产生的感觉，这种感觉形成风险认知，进而促使风险行为。被感知的风险带有主观主义的色彩，玛丽·道格拉斯和威尔德韦斯认为风险在当代社会并没有增加，只是人们对风险的认知程度提高了，被察觉和意识到的风险增多了。在人类社会的不同阶段，进入到人们视野被人们感觉到的风险不同，风险某种程度上讲，具有历史性。但随着风险社会和信息社会的到来，被人们感知的风险越来越多、越来越复杂，丰富多样的信息渠道、知识文化程度的不断提高、对自身生存发展环境的需求升级、风险分配不公现象的存在等等因素扩大增加了被感知风险的范围和数量。简而言之，被感知的风险就是被人们认识到并形成一定反应的风险，包括客观存在的风险和"被制造出来"的风险。

（三）现代风险

按照吉登斯的看法，现代风险主要指"人为制造的风险"。就是指由于人类自身知识的增长和科学技术的迅猛发展，而对整个世界带来的强烈作用所造成的风险。[①] 比如核技术风险、化学产品风险、基因工程风险、生态恶化风险、信息风险等。现代风险主要区别于传统社会的传统风险，强调风险的人为化和制度化以及制度化的风险。随着技术的发展和生产力水平的提高，人们对大自然改造的范围、深度都在增加，人类活动对自然和人类社会本身的影响也越来越大，人为的不确定性越来越突出，从而引起自然风险占主导地位的风险结构发生变化；借助于现代科技、现代治理机制和现代治理，人们应对风险的能力不断提高，但同时也面临着治理带来的新的风险，包括技术性

---

① 张广利、许丽娜：《当代西方风险社会理论的三个研究维度探析》，《华东理工大学学报》（社会科学版）2014 年第 2 期。

风险和制度化风险，且其影响全球化。现代风险带来的灾难远远大于传统风险，因为它涉及社会中所有成员，再加上现代信息技术的高度发达，会极大加速人们对风险灾难的恐惧感和不信任感的传播，引发社会恐慌、社会动荡等社会风险。

现代风险具有全球性、平等性、自反性、不可感知性、不可预测性以及难以控制性等特征，风险治理的难度更大。全球性是指现代风险的影响跨越时空，表现出一种全球化趋势，超越地理边界、社会文化边界的限制，影响时间超越人类代际边界。比如，核能风险切尔诺贝利核事故。平等性是说现代风险一视同仁，其危害会波及社会所有成员；自反性是指现代风险是自反性现代化的产物，风险的来源是人为的，是现代化的后果；不可感知性是说现代风险存在及影响是潜在的、不可见的和无法感知的；不可预测性是指现代风险发生的时间、地点、影响的人群上是不可确定，往往是等风险发生了，才知道这种风险；难以控制性是指由于现代风险的关联性（一种风险可能诱发和引致其他领域的新风险等连锁效应）、不可预见、迅速扩散性（如新冠肺炎、核泄漏等）而导致其是极其难以控制的。正由于现代风险的出现，贝克认为人类社会已经进入了风险社会。

（四）风险社会

风险社会是指现代性一个阶段，这个概念最早由德国社会学家乌尔里希·贝克（Ulrich Beck）在1986年首次提出，他认为后工业社会充满风险，人类已进入"风险社会"。风险社会是一个充满不确定性因素、个人主义日益突出、社会形态发生本质变化的社会。在贝克看来，风险社会与工业社会相比较具有以下新特征：一是风险社会的风险是"不可控的"。现代化是风险产生的源泉。在后工业社会，"占据中心舞台的是现代化的风险和后果，它们表现为对于植物、动物和人类生命的不可抗拒的威胁"。二是财富的生产分配与风险的分配生产之间的支配关系发生了转变。在工业社会中，财富生产分配的逻辑支配着风险生产分配的逻辑；在风险社会中，风险生产分配的逻辑代替了财富生产分配的逻辑成为社会分层和政治分化的基准。三是现代风险看似平等的背后隐藏着新的不平等。风险社会的风险的"不可控性"决定了好像对所有人都是一样的,正如贝克所言,"贫困是等级制的,化学烟雾是民主的"。但由于某些人占有财富和社会地位的不同,其规避风险能力就高一些,因此,社会风险地位应运而生。随着风险的全球化趋势,同样风险也产生了新的国际不平等。

英国社会学家安东尼·吉登斯认为,"风险社会的起源可以追溯到今天影响着我们生活的两项根本转变。两者都与科学和技术不断增强的影响力有关,尽管它们并非完全被科技影响所决定。第一项转变可称为自然界的终结,第二项为传统的终结"。所谓自然界的终结,是指主要由于科技变迁的加剧,在物质世界的各个方面,现在未受人类干预影响的即使有,也是寥寥无几,在某一时刻,大约50年前,我们不再那么担心自然界可能会给我们带来的不幸,而是开始担心我们已经给自然界造成的后果,这一转变为人们踏入风险社会带来了一个重要的起点。关于风险社会的形成原因,吉登斯提到现代性的三个动力机制:一是时空分离与重组。现代性导致了全球化,没有人能脱离由现代性所导致的转型。二是被吉登斯称之为社会结构的"脱域机制"。即社会关系被从地域化情境中"提取出来",并跨越广阔的时间——空间距离去重新组织社会关系。日常生活的许多领域从个人的经验中脱离"被符号化"并成为专家系统的专门技术领域,于是,对那些抽象系统的信任成为人们日常行动决策的基础。三是反思性。前现代的社会是通过传统或习俗维持的,现代社会依赖理性,但却并未将其视为必然的具有道德意义的外在权威。

与贝克、吉登斯观点不同的是,英国社会人类学家玛丽·道格拉斯和威尔德韦斯所著的《风险与文化》站在主观主义立场上,从风险文化的角度解释风险社会概念。他们认为在当代社会,风险实际上并没有增加,也没有加剧,相反仅仅是被察觉、被意识到的风险增多和加剧了。他们宣称,虽然事实上科学技术迅猛发展带来的副作用和负面效应所酿成的风险可能已经有所降低，人们之所以感觉风险多了，是因为他们认知程度提高了。他们从文化的角度解读了三类风险：即社会政治风险、经济风险和自然风险。在此基础上，斯科特·拉什提出一种更有效的社会批判的解读风险的方法，那就是"风险文化"。用来说明风险社会的概念是建立在对社会或社群关注的假定之上。拉什认为，当今时代正是风险文化可能出现的时代，风险文化将会成为取代制度性社会的一种实际形式，风险文化将渗透蔓延到所有的不确定领域，而这些不确定领域以前从传统的规范和秩序来说是确定的，只是在传统社会向现代化社会转型后的高度现代化的社会中才成为会给人类生存带来风险的不确定领域。

总之，风险社会是指在全球化发展背景下，由于人类实践所导致的全球性风险占据主导地位的社会发展阶段，在这样的社会里，各种全球性风险对人类的生存和发展存在着严重的威胁。

二 技术风险

技术本身所固有的不确定性和高度复杂性决定了技术风险存在的必然性，而技术的社会性以及技术负载主体价值等特点决定了存在建构的技术风险。技术风险既包括技术本身的风险，又包括社会因素、人的认知、文化价值等对技术发明应用过程影响而导致技术的负面效果的技术风险。

（一）实在的技术风险

技术风险的出现与技术的本质有关。从技术的产生来看，技术是人们认识世界改造世界的一种手段，与人的认识能力紧密相关。但人的认识能力总是有限的，无论多么伟大的科学家，对技术的发明都只能在有限的能力下不断探索，技术只能在摸索中前进，从失败中得到启迪。因此，技术本身就具有不确定性和局限性。且随着实践的推进和时代的发展，基于当时人的认识能力基础上产生的技术在使用过程中出现技术效果与社会发展目标的不一致，带来技术使用功能的不确定性，引发一定的风险；从技术本身的结构来看，技术结构的复杂性和稳定性必然会影响技术功能的发挥，技术结构越复杂，结构要素之间的相互作用越密切，技术的稳定性越弱，从而技术功能的发挥就越不确定，也就越容易引发技术风险。如采煤技术，就是因为采煤技术系统采取人—机—环境一体化复杂系统，技术结构复杂，稳定性差，且地质、环境条件对采煤技术控制影响比较大，才导致煤矿安全事故易发多发；从技术的使用者来看，在技术使用中，技术的操作者主要是靠个人经验而不是靠系统的理论知识来完成对事物的判断。然而，"此种经验判断对解决问题，有时相当有效，有时却失误极大"①，也就是说，技术使用者的经验判断在出现偏差的时候，判断失误从而造成技术行动失误，导致技术功能不能得到发挥，引发技术风险；从技术人工物来看，由于技术人工物是由知识、技艺、偏好具有局限性的人来设计和发明，其制造环节也会受到制造工艺水平、经营成本等因素的影响，难免会存在这样那样的缺陷，在技术人工物越来越成为技术功能发挥的关键变量的今天，由于技术人工物缺陷引发的技术风险也必然存在。

现代技术的创造性、功能潜在性以及不确定性等相互作用且密切联系的特点，使得技术创新规模越来越大，周期越来越短，技术应用领域范围越来越广，甚至超出最初技术设计者发明者的设想，技术功能也越来越难以把控和预测，从而导致技术发展更加的不确定。人们很难预料技术在何时以何面目出现，会用在哪些领域、出现何种结果，实在的技术风险单纯依靠技术进步、加强技术管理进行控制也越来越难。

（二）被建构的技术风险

被建构的技术风险是技术主体对技术及其结果进行反思性实践的产物，其本质是技术主体建构出来的技术风险。在技术哲学领域，社

---

① 刘婧：《技术风险认知影响因素探析》，《科学管理研究》2007 年第 4 期。

会建构论属于一种反思取向，社会建构论在技术风险领域的反思形成了建构的技术风险观点。玛丽·道格拉斯、科特·拉什等作为技术风险建构论的主要代表，主张从文化视角讨论技术风险问题，反对把技术风险作为一般化的社会现实的实在论观点，认为技术风险在不同历史阶段都存在，但当代社会中是人们的风险意识增强才导致技术风险被大肆宣扬。正如玛丽·道格拉斯所说，在当代社会，风险实际上并没有增加也没有加剧，仅仅是被察觉、被意识到的风险增多和加剧了。

　　建构论为技术风险的研究打开了另外一种视域，就是技术风险的公众认知，即"外行人"看技术，"外行人"对技术的认知。公众对技术风险的认知必然与技术专家认知不同，在技术专家看来，公众对技术风险的认知是低层次的，甚至是没道理的。曾有一位著名核物理学家说："对核辐射的恐惧已经使公众发疯。我特意使用'发疯'这个词，是由于其含义是缺乏与现实的联系。公众对核辐射危险的理解实际上已经与科技专家理解的实际风险毫无关联。"① 尽管这样，但公众对技术风险的恐惧依然存在，当这种恐惧的范围、程度达到一定的界限也会引发社会风险，尤其是公众对专家的信任程度不高的时候。建构论非常注重从群体层面上分析公众的风险认知、对风险的理解和风险相关知识，并指出是通过各种社会、政治和文化过程建构了公众的风险认知，这些对于风险的认知和理解，会随着行动者所处的社会位置和社会背景的不同而有所不同。反过来，不同的风险认知会导致不同的风险行为，风险认知的不同自然会对风险事件作出不同的判断，从而影响公众对风险的评估和风险管理机构对相关政策的制定。②

---

① ［英］谢尔顿·克里姆斯基、多米尼克·戈尔丁：《风险的理论学说》，徐无玲、孟敏烷、徐玲泽，北京出版社 2005 年版，第 165 页。

② 王娟：《影响技术风险认知的社会文化建构因素》，《自然辩证法研究》2013 年第 8 期。

不难看出，建构论者将技术风险归结为反思性判断，把技术风险研究的理论焦点由客观实在论转到了认知层面的技术风险感知和心理，对技术风险的把握更具有人文主义特色，试图突破技术风险量化的规制，把公众的技术风险认知程度放到文化领域中来进行考察，通过公众对风险文化的认同来研究技术风险。尽管建构论的技术风险观"更全面"，但其把握技术风险的方式也存在着不足，因为从多方面把握影响人们的技术风险认知的诸多因素，难度比较大。再者，仅通过公众认知程度来分析技术风险也显得乏力。

三　社会风险

技术发展所引发的风险无法通过技术的进一步发展来解决，为解决不确定性而发展起来的技术却带来更大更长期的不确定性，也变得愈发难以控制，甚至对社会各系统带来不确定性，引发社会风险。技术在应用过程中，社会诸因素的相互作用机制会放大或弱化技术带来的社会风险。

（一）社会风险的概念

"社会风险"一词是与西方风险社会理论伴随而生的。学术界和理论界关于社会风险概念的界定有多种表述，在西方风险社会的语境里，社会风险是指包含了政治、经济、文化、社会等各方面各系统存在的风险，是广义的概念。在中国的话语体系中，社会风险往往是狭义的，是指与政治、经济、文化等并列的社会系统内部的风险，也包括外在因素导致的社会系统内部的风险。有的专家把社会风险界定为：由于自然灾害、经济因素、技术因素以及社会因素等方面的原因而可能引发的社会失序和社会动荡。也有观点认为广义的社会风险是一种导致社会冲突、破坏社会稳定和社会秩序的可能性，是指基础性、深层次、结构性的潜在危险因素对社会的安全运行和良性发展构成的威胁，涵盖政治、经济、社会、文化、生态环境等各领域的各种风险因素。狭义的社会风险是指由于社会领域内分配不公、自然灾害发生、群体纠纷、失业人口增加、阶层矛盾等社会因素引发的风险。在对社会风险概念界定的多种表述中，比较有共性的倾向是：社会风险是一种导致社会冲突、危及社会稳定和社会秩序的可能性，即爆发社会危机的可能性。一旦这种可能性变成了现实，社会风险就转变成了社会危机，对社会稳定和社会秩序都会造成灾难性的影响。①

随着人类社会现代化进程的加快和贝克所说的风险社会的到来，社会风险已成为社会生活的一部分，渗透在社会的每个角落，无时无处不在。

（二）技术的社会风险

技术的社会风险主要是指由于技术因素引发的社会失序和社会动荡。技术在给人类社会带来福祉的同时，也把人类社会带入到高风险高危机的阶段，日新月异的技术正在成为当代社会最大的风险源。克隆技术、基因技术、生物技术、信息技术等技术的发展引发人类许多共同疑问，比如信息技术的发展是否会进一步加大"数字鸿沟"，是否会让人的隐私权完全丧失等，智能技术的发展是否会造出比人类更聪明的机器人，这些机器人是否会反过来控制人类，等等，表现出人们对技术的社会风险深深的担忧。

技术与社会的一体化发展，使技术的社会风险成为可能。具体来讲，技术的社会风险是指由于技术的成功使用或者失败使用给人们的安全、健康、伦理和利益等造成的风险。其表现形式一般有两种：第一种是新技术的深度应用带来的社会风险。比如基因技术，人们担忧的是基因技术在生殖、医疗和食品等领域的深度普遍应用给人们的安全、健康和社会伦理等会造成何种影响。第二种是高技术含量的工程项目的社会风险。比如对于国民经济发展非常重要的 PX 项目、核电项目等，虽然其技术安全性被认为是可控的，但当地民众几乎"逢 PX 必反""谈核色变"。尽管各种缘由复杂多样，但问题的核心在于

---

① 甘永祥：《社会风险与社会稳定风险评估》，重庆出版社 2014 年版，第 3 页。

公众对技术失败（包括操作失败）给自己及其所在社区造成的负面影响充满焦虑。

人们对技术发展应用的担忧影响了其技术风险认知，这种担忧在社会过程中还会因很多复杂因素而加大或减缓，也就是说，技术的社会风险有被放大或者减弱的可能。

（三）风险的社会放大

风险的社会放大框架（the Social Amplification of Risk Framework，简称 SARF）是由美国克拉克大学的卡斯帕森夫妇、雷恩及其同事和决策研究所的斯洛维奇及其同事于 1988 年创立的。风险的社会放大框架理论有助于理解专家风险评估和公众风险感知之间的差异及这种差异带来的社会反应；也有助于系统地将风险的技术取向研究和公众风险行为的心理、社会、文化研究的观点联系起来。从狭义的层面理解，这个框架也有助于描述风险认知和反应背后的各种动态社会过程。尤其是一些被专家评估为风险相对较低的灾害和事件却因之在社会中变成重大关切和关注焦点（风险放大），而另一些被专家判断为重大的灾害反而不那么受社会关注（风险弱化）的过程。

风险的社会放大，就是由信息过程、制度结构、社会团体行为和个体反应共同塑造风险的社会体验，从而促成风险结果的现象。[1] 该框架认为风险信号是传播过程的关键部分，风险、风险事件以及两者的特点都通过各种各样的风险信号（形象、信号和符号）被刻画出来；这些风险信号反过来又以强化或弱化对风险及其可控性的认知方式，与一系列范围广泛的心理的、社会的、制度的或者文化的过程相互作用，[2] 进而导致次级的社会或经济后果，可能加大或减小物理风险本身，带来额外的制度政策反应和保护措施的需要，或者弱化阻断

---

① ［美］珍妮·X. 卡斯帕森、罗杰·E. 卡斯帕森：《风险的社会视野》（上），童蕴芝译，中国劳动社会保障出版社 2010 年版，第 85 页。

② ［英］尼克·皮金、［美］罗杰·E. 卡斯帕森、保罗·斯洛维奇编著：《风险的社会放大》，谭宏凯译，中国劳动社会保障出版社 2010 年版，第 3—5 页。

保护措施的需要，这一系列的交互作用、涟漪反应以及次级影响构成了风险的社会放大框架（见图1-1），其放大机制包括两个阶段：信息机制和社会的反应机制。

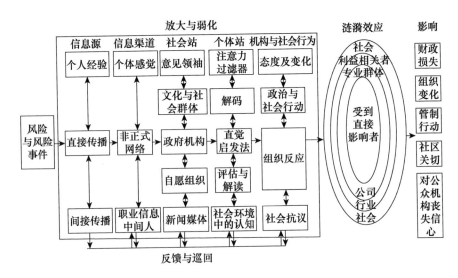

图1-1　风险的社会放大框架

信息机制是第一阶段，包括风险的社会体验和新闻媒体及非正式的沟通网络构成的传播网络。风险的社会体验是风险社会放大的根源，个人直接的体验能起到放大器的作用，也可以发挥弱化风险的作用，当个人的风险直接体验缺失或者不足的时候，他们就会从媒体或其他人那里获得风险情况，从而形成间接体验。此时，信息流就成为公众风险反应的关键因素。风险信号通过各种各样的传播网络（社会的和个人的放大站）传播开来，有可能发生可预见的转换，这种转换能够增大或减小有关某一事件某部分信息的量，使信息的某方面特征更加突出，或者通过"再定义"进行解读和阐释现有的符号和形象，引起其他社会参与者进行特定的再解读和反应。放大站包括个人、社会团体、公共机构。就社会的放大站而言，组织的结构、功能和文化之类的因素会影响到风险信号的放大或者弱化，个体的放大站受到诸如风险启发式、风险的质的方面、过往态度、责难与信任之类考虑的影响，也会对风险信号作出自身的解读和阐释。

社会反应机制即对信息流的解读和反应形成了风险社会放大的第二个主要阶段，风险信息在包括社会的、制度的和文化的背景的机制中被解读、判定并附加价值。发起反应机制的主要途径有四种：一是启发式与价值。面对复杂大量的风险，启发人们用简化的机制评估风险并塑造社会反应，价值观的应用也会使个人对风险的级别进行排序并采取相应措施。二是社会团体关系。团体或者群体的性质会对成员的反应、对风险问题的见解和采取措施的类型具有形塑作用。三是信号值。某种程度上讲，事件发出的信号和预兆决定了风险事件的严重性和影响级别，信号能够引发检视事件重要性的进程。四是污名化。污名是指与不良的社会团体或个体相联系的负面形象，会直接导致人们对被污名的事件、环境、人物等的回避行为，进而会引发重大的社会后果和政策后果。①

总之，风险尤其是有关健康或安全的风险会在社会进程中被放大。风险的社会放大框架意在构建一个能够解释为什么看起来微小的风险或风险事件往往会引起强烈的公众关注和重大的经济影响并且这种影响会以涟漪状扩散，波及不同的时间、空间和社会制度等这些问题的综合理论。尽管有学者质疑其是否称得上是一个理论，也批评其太宽泛，但它至少有助于澄清诸如大众媒体在风险传播中的关键地位以及文化对风险处理的影响等等这些现象，能够为整合理论和研究提供一个模板，以更广的视野、动态互动性的机制对风险事件进行全面的解释。

技术风险后果与信息处理机制、个人和群体的行为反应机制紧密相关，一旦人们的心理、社会制度、文化背景等因素与技术风险事件相结合就会导致人们感知到的技术风险水平与实际风险水平不一致，继而产生次级社会或经济效果，技术带来的社会风险就被放大或弱化了。

---

① ［美］珍妮·X.卡斯帕森、罗杰·E.卡斯帕森：《风险的社会视野》（上），童蕴芝译，中国劳动社会保障出版社2010年版，第90—92页。

第二章　核电技术与风险

　　核技术是第三次技术革命的主要标志技术之一，随着核能由军用部分转为民用，利用核能发电的核电技术随之出现。在核电技术风险问题上，科学主义即风险实在论长期占据主导地位，对其安全性问题的解释上也是具有绝对的话语权，但从以上对技术与社会之间关系的分析以及风险社会理论背景下的技术风险、建构论的技术风险相关概念阐述来看，仅仅从技术本身的发展进步来规避技术风险是不够的，人们也逐渐认识到核电技术中蕴含着科学与利益、政治的关系，认识到核电风险具有社会建构性并且核电风险受社会因素的影响塑造。公众对核电风险的认知以及是否接受成为核电发展的主要障碍之一。

第一节　核电技术的发展

　　诞生于 20 世纪初的核技术，是指以核性质、核反应、核效应和核谱学为基础，以反应堆、加速器、辐射源和核辐射探测器为工具的现代高新技术。核技术是当代最主要的尖端技术之一，到 20 世纪三四十年代，核技术在能源工业方面迅速发展，核电技术在世界各国大量应用。核电站的发明和发展，是核技术应用除了核武器、核舰艇的第三大领域，之后，核电技术不断升级换代，目前已经到了第四代。在日益增长的全球能源需求、气候变化和其他能源供应不确定性背景下，低碳的核电技术应用仍然会在相当长的时期内保持增长趋势。

一　核电技术的发展历程

核电技术是利用核裂变或核聚变反应所释放的能量发电的技术。但目前的核电站都是采用核裂变的技术，因为核聚变存在技术障碍。从20世纪五六十年代第一代核电技术至今，核电技术已经进入第四代的研发，在技术层面奔着更具经济性、安全性和产生废物少等进行研究。

（一）世界核电技术发展历程

1. 第一代核电技术

第二次世界大战后，随着核能由军用转向民用，美国开始研发核能发电技术，并于1957年首次将核潜艇压水堆和常规蒸汽发电技术结合起来，核能发电技术得到发展。第一代核电技术就是指20世纪五六十年代，世界上一些国家研发的核能发电试验装置、试验电厂、原型电厂技术。建立在这些技术基础上的早期原型反应堆，主要目的就是通过试验示范形式来验证核电在工程实施上的可行性。虽然这些技术不甚完善，但却验证了核电发展的可行性，也增强了人们把核电推进能源市场的信心。

2. 第二代核电技术

到了20世纪70年代，在对第一代核电技术研发、核电厂建造及运行经验全面总结的基础上，按照当时的核安全标准，形成的一套核电厂设计、建造、运行管理等门类齐全的技术，被称为第二代核电技术。第二代改进型核电站主要特点增设了氢气控制系统、安全壳泄压装置等，安全性能得到显著提升。第二代核电技术也实现了商业化、标准化发展，为改善当时的世界能源结构、缓解全球性的石油危机作出了贡献。但是，第二代核电技术尽管安全性能有所提升，仍存在一些重大缺陷。

3. 第三代核电技术

20世纪80年代末，根据美国"先进轻水堆型用户要求"（URD）和"欧洲用户对轻水堆型核电站的要求"（EUR）开发设计的压水堆型技术核电机组，被称为第三代核电技术。核电技术的升级换代，追求的目标是更高安全性、更高功率，因此，第三代核电技术开发过程中，采取增设专门的安全系统和设施，同时，为了降低成本增设单机容量，兼顾安全性和经济性。或者，采用"非能动理念"，巧妙地利用自然力（如重力、蒸发、对流及膨胀等），建立非能动安全系统，执行预想事故情况下的核安全功能。使得第三代核电技术具有以下显著特性：一是提高安全性，降低核电厂发生严重事故的风险，避免堆芯融化和放射性物质向环境大量释放情况的发生，延长在事故状态下的操纵员的宽容时间等；二是降低造价和运行维护费用，提高经济性；三是尽量采用经过验证的成熟技术，提升技术成熟性。[①]

4. 第四代核电技术

第四代核电技术由美国发起，目前仍处于开发阶段。1999 年，美国能源部发起倡议，征集第四代核电站反应堆系统，2001 年，征集到包括英、法、日等 12 个国家的 94 个第四代核电站反应堆系统。在此基础上，达成开发包括带有先进燃料循环的钠冷快堆（SFR）、铅冷快堆（LFR）和气冷快堆（GFR）三种快中子堆和超临界水冷堆（SCWR）、超高温气冷堆（VHTR）和熔盐堆（MSR）三种热中子堆共六种第四代核电站概念堆系统。第四代核电技术的目标是在 2030 年左右投入应用。

（二）中国核电技术的发展

中国核电技术起步相对比较晚。1974 年，我国自主研制的中国核潜艇动力装置的第一艘核潜艇正式服役，这个技术经验为后来核电技术的研究提供了基础。20 世纪 80 年代，我国政府制定了核电发展政策，决定发展压水堆核电厂，采用"以我为主，中外合作"的方针，先引进外国先进技术，再逐步实现设计自主化和设备国产化。面

---

① 林诚格主编：《非能动安全新进压水堆核电技术》上，原子能出版社 2010 年版，第 6 页。

对当时核电工程设计、研发、装备制造和建设运行等技术领域的空白，我国核电技术人员开始进行自主研发、设计和制造，经过不懈努力，1991年，首台30万千瓦核电机组，在浙江秦山并网发电。这结束了我国大陆无核电的历史，第一座核电站的诞生标志着我国成为世界上第七个能够完全依靠自己力量自行设计和建造核电站的国家。二期工程依然由中国自主承担设计、建造和运营任务，采用压水型反应堆技术，安装两台60万千瓦发电机组，于2004年建成。秦山一、二期核电工程是由我国科技人员独立自主设计建造的，但是核蒸汽供给部分、几个关键部件、设备等核发电的主要部分是由国外供货。广东大亚湾也是成套引进法国核电技术和设备，秦山三期工程引进加拿大成套技术及设备。这些基本上都是采用的世界第二代核电技术。

技术的发展没有终点。我国核电技术虽然起步晚，但发展并不慢。2005年开工次年建成投产的岭澳核电二期项目，就是我国核电技术自主品牌的CPR1000示范工程，这标志着我国全面掌握第二代改进型百万千瓦级核电站技术步伐加快，基本形成了自主技术品牌核电站设计自主化和设备制造国产化能力。我国核电技术进入以CNP1000和CPR1000为代表并具有自主知识产权的"二代加"时代。

2006年，党中央决定引进AP1000三代核电技术，开启我国"三代核电自主化"引进、消化、吸收、再创新的发展之路。2011年日本福岛核电事故之后，核电安全标准进一步提高，在对以往核电技术改进升级基础上，中核集团开发出ACP1000，中广核集团开发出ACPR1000＋，均满足所谓的第三代核电技术安全标准。中国第三代核电技术主要以CAP1400和"华龙一号"为代表。CAP1400采用非能动安全设计，整体设计理念与AP1000（美国西屋公司百万千瓦级压水堆三代核电技术）保持一致，在消化、吸收、全面掌握AP1000的基础上进行创新的三代核电技术。"华龙一号"采用了"177堆芯"设计、多重冗余的安全系统单堆布置、双层安全壳，设置了完善的严重事故预防和缓解措施。在计算分析软件、反应堆堆芯设计、燃料技术、能动和非能动安全技术等方面全面实现了重大突破。2015 年"华龙一号"示范工程福清核电开工建设标志着我国核电水平进入世界第一阵营，2018 年，采用渐进式的技术发展路径、在成熟技术的基础上集成众多先进技术特征的"华龙一号"走出国门，落户巴基斯坦，而随着英国核电项目的推进，"华龙一号"成为高技术、高标准、高经济带动性的新时代"中国制造"的国家名片。

在世界第四代核电技术发展方面，我国也取得较大成绩。快中子反应堆是世界上第四代先进核能系统的首选堆型，代表了第四代核能系统的发展方向。2010 年，我国第一座快中子反应堆——中国实验快堆（CEFR）达到首次临界，标志着我国掌握了快堆技术，意味着我国第四代先进核能系统技术实现了重大突破，使中国成为世界上第八个掌握快堆技术的国家。

二　核电技术的应用

技术产生以后应用到相应领域，才是技术的最后归宿。核电技术从第一代开始，就有以此技术建成的核电站，目前在全世界多国都有核电站运营，利用核能发电一定程度上缓解了能源危机、改善了能源结构。

（一）核电技术在国外的应用

核电技术产生的早期，主要用于实验型的反应堆和舰艇动力。美国在 1948 年建成用于发电的实验型反应堆，苏联在 1949 年决定建设实验型核电站，并于 1954 年建成奥布宁斯克核电站，这个世界上第一座核电站以浓缩铀为核燃料，以石墨水冷堆为堆型，虽然功率很小，但却向世界展示了核电发展的前景。20 世纪 60 年代，随着包括压水堆和沸水堆的轻水堆和重水堆、石墨气冷堆、石墨水冷堆等堆型的技术基本成熟，核电站开始进入应用发展时期。

20 世纪 70 年代初以法国为代表的快中子反应堆电站技术的卓著发展，使得核电站技术进入一个前所未有的快速发展时期。法国因缺乏煤和石油资源始终致力于快堆的研究，在 1974 年最先建成了一座功率为 25 万千瓦的被命名为"凤凰"的钠冷快堆，标志着法国的快堆电站技术一跃成为世界快堆电站技术的领先水平。1983 年，又一座功率为 120 万千瓦的大型快堆电站在罗纳河畔建成，这座被命名为"超凤凰"的核电站并入法国、前联邦德国、意大利三国电网发电，电力非常强大。之后，美国、英国、苏联、日本等国都迅速发展起钠冷快堆电站。截至 1979 年 6 月，世界上已有 22 个国家或地区的 223 座核电站投入运行，另有 238 座核电站在建设中。[①] 但是 1979 年美国宾夕法尼亚州的三里岛电站发生事故，使核电站发展蒙上一层阴影，进入低落时期，也使美国核电站年订货量由快速发展期的 41 座跌落到 80 年代前后的年订货量三四座。1986 年 4 月 27 日，苏联的切尔诺贝利核电站又发生严重事故，也同样严重影响了核电站的发展。后来，尽管核电站发展势头有所回升，但幅度不大。国际原子能委员会于 1991 年初发表的《国际原子能机构新闻简报》报道显示：截至 1990 年底，世界各国建成并投入运行的核电站已达 424 座，总装机容量已达 3.245 亿千瓦，核电在世界总发电量中的比例已增至 17%。经过近半个世纪的发展，核电已成为与水电、火电并列的三大电力之一。

在 1991 年到 2000 年的十年间，全球核电启动机组的数量远远超过关闭机组数量（52/30）；而在 2001 年至 2010 年的十年中，启动机组的数量低于关闭机组的数量（32/35）；2010 年至 2019 年，总共有 63 座反应堆投入运行，其中中国占 59%（37 座），同时期关停的 55 座反应堆均来自于中国之外的国家，在中国以外，全球的反应堆总量持续减少，十年间共有 26 座反应堆并网，比同时期关停的数量（55）少了 29 座。根据国际原子能机构（IAEA）统计，截至 2019 年 6 月底，全球共有 449 台机组在运，分布在 30 个国家，核电装机近 4 亿千瓦，另有 54 台机组在建，装机约为 5500 万千瓦，全球核电运行堆

---

① ［日］尾崎正直：《奔向新世纪的科学技术》，王逎彬、王映红译，知识出版社 1983 年版，第 41—42 页。

年超过 1.8 万年。世界核协会年度报告显示，2018 年全球核发电量超过 2500 亿千瓦时，占全球电力供应的 10.5%。① 目前，全球范围内有核电、正在发展核电和需要发展核电的国家有 70 多个，其中处于"一带一路"的就有 40 多个，新建核电机组主要集中在新兴经济体国家。

（二）核电技术在中国的应用

核电技术在中国的应用开始于 20 世纪 80 年代。1985 年 3 月，开始建设第一座原型压水堆核电站，并于 1991 年 12 月并网发电，这就是我国自主设计、自主建造和运行管理的 30 万千瓦的秦山核电站；1987 年引进法国第二代核电技术开始建设百万千瓦级的大亚湾核电站，但由于选址邻近香港，香港少数人谈核色变，极力反对，人们的核电认知导致的反对行为影响了大亚湾核电站的建设进程，后经过协调，第一期工程得以进行，并于 1993 年大亚湾核电站第一期投入商业运营；1994 年开建以 M310 型压水堆核电机组改进版为技术基础的岭澳核电站；1998 年 6 月开工建设首座商用重水堆核电站——秦山三期核电站；1999 年 10 月开工建设以俄罗斯 AES91 型压水堆核电技术的连云港田湾核电站 1 号机组；2005 年，具有自主知识产权的秦山二期两台 60 万千瓦机组投产发电，实现了核电站由原型堆向大型商用堆的重大跨越。

2008 年 12 月开工建设采用二代改进型压水堆技术的方家山核电工程 1 号机组，并于 2014 年并网发电；2005 年 12 月作为国家核电技术自主品牌 CPR1000 示范工程的岭澳核电二期项目开工建设；2009 年 4 月，全球第一个使用第三代核电机组的核电站——三门核电站一期开工；2010 年 7 月开工建设防城港核电站 1 号机组；2012 年 12 月，作为高温气冷堆核电站示范工程的华能石岛湾核电站机组在荣成开工建设，同期开工建设的还有田湾核电厂二期工程；2013 年 9 月

---

① 龙茂雄：《世界核电发展现状与展望》，《中国能源报》2019 年 9 月 16 日第 11 版。

田湾核电厂 4 号机组开工建设，并于 2018 年 10 月首次并网；2015 年
3 月开工建设红沿河核电厂一期工程，包括四台 CPR1000 型核电机
组，目前均已投入商运；2015 年 5 月，"华龙一号"首堆示范工程福
建福清核电 5 号机组正式开工建设，标志着我国正进入世界先进核电
水平的第一阵营。2020 年 11 月 27 日，中国自主三代核电"华龙一
号"全球首堆——中核集团福清核电 5 号机组首次并网成功。

　　2020 年 6 月，中国核能行业协会发布的《中国核能发展报告
（2020）》显示：截至 2019 年年底，我国运行核电机组达 47 台（不
含台湾地区），总装机容量 4875 万千瓦，仅次于美国、法国，位列全
球第三，占全球电力装机总量的 2.42%；在建核电机组 13 台，总装
机容量 1387 万千瓦，装机容量继续保持全球第一。2019 年，我国核
准开工包括漳州核电两台机组在内的 6 台核电机组，自主三代核电技
术"华龙一号"正式进入批量化建设阶段。① 从目前来看，核电项目
主要集中在东部沿海地区，辽宁、江苏、浙江、福建、广东、广西、
山东等都有核电项目投运，其中，浙江和广东已经形成核电产业基
地。山东、广西、海南、福建的核电项目有些还正在建设中。随着核
电的发展以及在电力市场中份额的上升，核电在我国清洁能源低碳系
统中的定位将更加明确，作用也将更加凸显，核电建设将会持续稳步
推进。

三　核电的发展趋势

　　核电技术自问世以来，虽然经过几次核电事故，但由于核电能源
的低碳性和在各国面临不同情况的能源供应、减少资源消耗、减轻大
气污染等挑战的情况下，核电的发展不可能止步。正如国际原子能机
构于 2016 年发布的《至 2050 年间能源、电力和核电预测报告》认
为，在未来一段时期内，全球核电装机容量总体上仍将呈增长趋势。

---

　① 中国电力网（http：//www.chinapower.com.cn/）。

IAEA 专家曾指出，全球核电的四个趋势值得关注：一是作为清洁能源，核电是全球减碳的主要贡献者，将为人类解决大规模安全稳定的电力供应提供选择，未来可发挥更大作用。二是人类要有效应对能源需求、气候变化、环境保护的挑战，发展核电必将稳步推进，核电份额也会稳步提升。三是从核电发展地域和技术看，世界核电发展的中心正从欧洲、北美向亚洲转移。核电技术也从原型堆发展到目前开始示范的具有四代核电特征的快堆、高温堆技术。同时，包括中国在内的世界各主要核电国家均在研发核聚变堆。四是核电持续发展需要各国综合性的政策支持，核电事关一国或地区的能源结构、环境保护，需要当地政府或职能部门出台相应政策，做好规划，确保核电安全发展。①

随着 2011 年日本福岛核电事故渐渐远去，全球逐步恢复了发展核电的信心，核电在当前应对全球气候变化中的作用日益突出，越来越多的国家会考虑引入核电或者扩大现有核电机组规模。《世界能源统计年鉴 2020》显示，2020 年核电消费实现了 2004 年以来的最快增长，达到了 3.2%，远远高于近十年来平均缩减 0.7% 的水平，中国是世界上增长最快的国家。仅 2020 年就有一些国家和地区在能源发展计划中布局核电发展，如 11 月 18 日英国首相鲍里斯·约翰逊（Boris Johnson）公布的绿色工业革命 10 项计划提出，政府将致力于发展大型反应堆、小型堆（SMR）和先进堆（AMR）等各类先进核能技术，并计划投资 5.25 亿英镑（约合 6.96 亿美元）用于新一代小型堆和先进堆开发；11 月 20 日，匈牙利 PaksII Atomeromu 公司发布声明称，匈牙利能源和公用事业管理局（MEKH）已签发波克什（Paks）核电厂二期项目（VVER—1200）建设许可证；11 月 23 日，俄罗斯国家原子能公司（Rosatom）发布声明称，该公司将重启多用途快中子研究堆（MBIR）建设项目；11 月 25 日，日本高滨町议会

---

① 龙茂雄：《世界核电发展现状与展望》，《中国能源报》2019 年 9 月 16 日第 11 版。

通过表决，同意重启曾因福岛核电事故停止运作的高滨核电厂 1 号机与 2 号机；等等。不仅这些已有核电站的国家在核电发展上有新进展，一些新兴的核电国家也在积极筹建、计划或在建核电站，如白俄罗斯首台机组于 2013 年开工建设内陆核电站，计划 2020 年 6 月开始调试工作；还有能源 72% 依赖进口的土耳其，计划 2030 年有 3 个核电基地共 12 台机组，核电占比达到 15%；埃及、孟加拉、波兰、马来西亚等国也都有推进核电的计划。国际原子能机构（IAEA）2020 年 9 月发布题为《直至 2050 年能源、电力和核电预测》的报告也预测，核电将继续在世界低碳能源结构中发挥关键作用，在高值情景下，到 2050 年全球核电装机容量将近乎翻倍。北美和西欧等传统核电大国所在地区未来的核电发展将处于停滞状态，有的地区甚至会出现倒退，未来的核电发展主要集中在亚洲和东欧地区。

我国一直坚持有序稳妥推进核电建设的基本战略，核电技术发展走出一条引进、消化、吸收、再创新之路，建设安全核电、科技核电、生态核电。多年来一直重视国际合作，曾与美国、法国、俄罗斯等多国均有核能合作。而现在在"一带一路"的背景下，核电作为国家名片亦输出各国，中国核电正在稳步走向世界。

第二节　核电技术的风险

核电技术不断升级换代、发展进步，是一个不断突破上一代技术缺陷的过程，但技术的发展没有终点，也意味着人们有限理性、逐利本性下研究发明的技术也不可能避免地存在缺陷，存在不确定性。尽管现有的核电技术不断在安全性方面提升，但是核电业无法用经济可行的办法解决民众对核电安全的担忧以及由此引发的社会风险。核电技术的风险一方面包括技术本身的风险，另一方面包括由技术应用过程中人们风险认知、社会过程导致的社会风险。

一　核电技术风险本身

风险是技术的内在属性，源于技术的复杂性、系统性、互动性、不平衡性等特征。是某种损害、危险的可能性，技术角度通常用发生概率和损失后果规模大小的乘积来表示风险，核电技术从原材料、作用机理、应用方式及其后续管理等方面更具难测性、不可控性、复杂性、系统性、互动性等特征，自然核电技术内在风险也是确定存在的。在核电行业定义核电技术风险，就是从科学技术角度，以堆芯损坏频率以及放射性物质大规模向环境释放的概率来表示核电的风险。可以说，这是专家眼中的核电风险。核电技术风险广义上可以理解为核电站风险，指核电站的设计、建造和运营等过程中面临的风险，其中，核风险是重要的组成部分，而核电技术风险本身就是指核电技术内在风险，通常表现在技术本身的不成熟性、人们对技术使用的方式方法以及管理和技术与生俱来的双面性等方面。

（一）核技术和核电站设计风险

人类社会永远不会存在一个像永动机那样包罗万象的、一劳永逸的技术，所以也永远不要指望技术给人类提供绝对安全的港湾。核技术自产生以来，就带给人类核战争的恐惧。核技术本身的特性和局限性是造成核技术风险的主要原因，由于科学家对核设备、核技术作用机理的认知局限性，可能出现技术设计缺陷和核设备设计过程中的不合理现象，导致核事故的发生。核电站的设计建设是确保核电技术安全的第一关，而核电站设计、建设过程面临一系列的技术风险。核电站选址环节，需要综合考虑地质、地表、气象、水文、环保、土建、运输、电站工艺、电网、社会等诸多方面因素，对每一因素的考量都需要一定的科学技术支持，选址又是相当复杂的系统工程，因而也面临诸多的不确定。在核电站的建设环节会面临施工风险，常规建设时期会面临土建风险，核电站建筑物几何形状和机构都比其他电力工程要复杂，对工作和施工质量要求比较高；会面临机器设备和仪表电器等安装风险，比如，核岛大型设备的吊装风险等。核电站调试时期也会面临相对集中的风险。

（二）核电站运营风险

核电站运营风险一方面是核燃料循环过程中的风险，一方面是技术人员、管理人员使用核设备不当或管理失误造成的事故。

核电站运行的过程就是核燃料的循环过程，在整个核燃料循环过程中，首先，就是新燃料组件运往核电站的环节，由于新燃料组件中的燃料具有易裂变的特性，运输过程就容易因数量或碰撞出现临界现象，发生风险；其次，就是核燃料在反应堆发电过程中，存在堆芯融化、核燃料泄漏等风险；再次，就是经过辐照的核燃料组件从堆芯中取出存放到水池一段时间后再运到废料存储地的过程中，容易出现核燃料裂变产物的衰变热释放热能引起的危害。核废料存储不当还会发生放射性物质泄漏，对自然环境和社会公众造成巨大危害。此外，运营过程中还会存在机器损坏、发生火灾等风险。

除了核设备设计与核技术自身的局限性的原因外，导致核电技术内在风险发生的另一原因就是核电技术工作人员。由于技术人员对核电技术产品的性能不够了解和熟悉、对核电设备使用过程中操作不当、对安全生产维护的疏忽、没有建立完善的核设备安全防御机制等原因导致的核电风险。核电站运营是由相应的人员来管理、操作和运行的，因此，核电安全的问题就难免有人为的原因。苏联切尔诺贝利事故发生的根本原因就包括核设备使用设计的程序上存在缺陷、工作人员缺乏有效的管理培训而导致的使用操作不当以及没有做好安全防护等。日本福岛核电事故的原因主要就是设备老化、东京电力公司多次篡改安全性记录设法延长老旧设备使用寿命等方面。

（三）核废料处置的风险

核电作为绿色、低碳能源，被很多国家列入能源发展规划，推进核电发展。但是核电技术自从应用以来，如何处理核能产生的核废料就是一个世界性难题、科学家们的一个课题，是各个核能发电国家都面临的问题。因为核废料是核物质在核反应堆（原子炉）内燃烧后余留下来的核灰烬，具有极强烈的放射性，其半衰期长达数千年、数万年甚至几十万年，其间其放射性核素衰变会产生热能。因此，核废料处置面临最大的风险就是核辐射。核燃料在核反应堆运行后，核的放射能力被激活，辐射性大增，所产生的核废料在反应后放射性依然存在，而且一些核放射性需要几万年时间才能降低到天然铀的水平，具有长期危害性。若是对核放射性处置方法不正确，就会造成核辐射的危害，威胁人类身体健康，破坏人类生存的生态环境。目前，世界上公认的最安全可行的核废料处理方法就是深地掩埋，即将高放射性废料保存在地下深处的特殊仓库中永久保存。但由于核能放射性衰退长达万年之久，对于这种存放的方式存在诸多的不确定性，也一直是各国公众所担忧的。

二　核电技术的社会风险

核电技术通过商业化运营被应用于社会生活当中，核电站与当地比邻而居的时候，对其风险的讨论仅停留在技术层面是不够的。对于公众来讲，核电风险不仅仅有客观的核风险，核电站一旦出现事故，对生命、财产及生态环境带来的危害和损坏；还包括核电站建设期间对周边的影响、征地搬迁带来的生活生产改变的风险；以及核电站运营期间，其他自然灾害、人为因素、管理因素等引发的事故风险。还有从感知角度来讲的有关核电站事故的信息、周边口耳相传的核电危害后果以及个体认知局限等带来的恐惧和担忧。核电技术的社会风险一方面是指由于技术风险引发的社会风险，比如，核泄漏带来的环境污染风险；另一方面是指由于人们的核电认知引发的对核电风险的恐慌以及对核电风险的放大、建构的核电风险等，比如核电项目引发的社会稳定风险。

（一）核电风险的公众认知

人们初识核的威力源于广岛、长崎原子弹爆炸，再加上新闻媒体对放射性破坏力和核污染长期影响的大篇报道，加剧了人们对核能和放射性的恐惧，人们谈"核"色变。后来，核能由军用转为民用，但在公众的眼里，核电与"核"有关，也是一种极其恐怖且风险高度未知的技术。核燃料燃烧后的废料，核本身产生的放射性看不见、摸不着、闻不到，人们无法真实切身感知其风险，让人觉得更神秘也更恐惧。几次严重并影响较大的核电事故，其处置的艰难性及造成全球性的心理影响，更让人们觉得核电技术难于驾驭，等等，这些都加剧了人们对核电风险的"愤怒"，因而，人们对核电风险非常敏感。

公众对核电风险的认知一直影响着核电发展的速度，因为人们对核电风险认知情况决定了公众对核电技术的接受程度，而是否接受核电技术的态度会进一步影响公众的核电风险认知。公众对核电风险的认知与专家大大不同，公众的认知更感性，也更复杂。先前"核"出现在人们视野的保密性，使得人们对核和后来的核电技术及其风险知识了解有限，人们对相关知识的了解主要通过新闻媒体、政府、核电专家、反核人士、所在群体等的描述和宣传来获取，而这些主体把自己对核电风险的认知结果通过媒体或各种交流沟通活动传递给公众，这是公众对核电风险的认知判断的前提和基础。然后，公众接收到这些信息之后，通过个人心理作用对核电风险进行认知，同时，受自己所在群体、社会、文化等因素的影响，形成自己的核电风险认知，之后根据利益—风险平衡来作出是否接受核电的行为选择。因而，公众对核电风险认知过程是动态的、复杂的，也是一个闭合系统，公众最后作出的选择进而又反馈到前期那些传播核电风险知识的社会主体。所以，在这个过程中，核电风险会被放大或缩小。也可能在公众认知过程中出现一定程度的地区或舆论的失序，带来一定社会风险。

（二）核电技术的社会风险

一是核电事故的社会风险。由于核事故潜在的放射性危害，可能会对社会、经济和政治造成影响，甚至引发社会恐慌。一旦发生核电事故，就会引起大量放射性物质向环境释放，飘浮在空中的放射性核素随风扩散，或落在地表、建筑物上，或随风雨入土，或进入江河，污染地表、污染河水、污染食品，等等，造成环境污染；发生核电事故，可能还需要疏散当地居民，放射性物质严重威胁附近居民身体健康并影响长远；核电事故发生也可能导致次生的、人为的其他社会风险；核电事故也会影响人们对核电技术的认知，加剧对核电的恐惧，引发人们心理疾病等风险。

二是核电项目的邻避效应。所谓"邻避效应"，指的是社区居民或当地组织因担心核电项目（如核废料处理厂、核电厂、核燃料基地等）对身体健康、环境质量和资产价值等带来诸多负面影响，从而激发嫌恶情结，滋生"不要建在我家后院"的心理，从而采取强烈和坚决的、有时高度情绪化的集体反对甚至抗争行为。这种"邻避风险"一般有着"产生焦虑心理—焦虑心理蔓延集聚—促发风险行为—集体行为非理性强化风险行为—产生或扩散社会稳定风险"的生成和演变逻辑链条。因此，由邻避风险会引发社会稳定风险。核电项目社会稳定风险是指核电站在选址、修建和运营过程中，由于项目安全危机、征地拆迁、环境破坏、弱势群体影响等方面而产生对社会民众影响面大、持续时间长、并容易导致较大社会冲突的不确定性。① 通过集群行为抵制核电站修建、参加反核团体或行动、大规模逃离居住地等表现导致社会稳定风险。

三是核电风险的社会建构。核电风险具有建构性。正如科拉克和少特所认为的：社会建构论的主张并不意味着"损害不存在"。而是它认为基本的社会学任务就是去解释社会行动者如何创造以及确定什么是危险。技术并不是作为某种直接的、无媒介的方式被体验的，相反的，在不同社会和制度背景中，技术以不同的方式被建构和消费。首先，核电风险的主观建构。公众的核电风险认知是一个复杂而又感

---

① 李世新：《从技术评估到工程的社会评价：兼论工程与技术的区别》，《北京理工大学学报》（社会科学版）2007 年第 9 期。

性的过程，会有诸如个体知识背景、对危险的熟悉程度、规避风险的能力以及对其潜在风险的认知等因素影响，并在此基础上形成主观反应，建构出新的主观风险，进而被塑造出新的风险态度和行为选择，这个过程就体现了核电风险的建构性。其次，主观建构又和社会结构互动形成社会建构。主观建构核电风险的过程再与社会媒体的信息处理，核电企业、专家、政府等阶层群体的影响，社会信任等文化制度的影射以及利益欲望的绑架等社会过程的互动，也会引发新的风险，这个过程就是社会建构的过程。

第三节　三起较为严重的核电事故

从上一节的阐述来看，核电技术风险是客观存在的，不管是技术风险本身，还是技术风险引发的社会风险。核电技术风险一旦发生，其后果就比较严重。自从核电技术应用以来，人类历史上发生了三起比较严重的核电站事故。本节从核电事故过程、核电事故原因、核电事故后果等方面来梳理几次核电事故，描述导致核电事故的技术原因、人为原因和事故造成的损失、次生的灾害等核电风险原因和风险后果。

一　三里岛核电站事故

发生在美国的三里岛核事故是核电历史上第一次比较严重的堆芯熔化核电事故。加上媒体大肆报道，无疑加深了人们对核能的恐慌、对核电技术的质疑。

（一）核电事故过程

坐落在美国宾夕法尼亚州哈里斯堡附近的三里岛上的核电厂为美国都市爱迪生公司所有，采用压水反应堆结构，1974 年 10 月 1 号堆开始运行，1978 年 12 月 2 号堆开始运行，恰恰就是运行不足四个月的 2 号堆发生了事故。

1979 年 3 月 28 日凌晨 4 时，2 号堆给水泵故障停运，三台辅助给水泵自动启动，但由于事先有人将出口阀关上了，并无水流注入蒸汽发生器，汽轮机停机后 4—11 分钟期间，仪表指示稳压器水位升高，最后超过刻度。值班员在汽轮机停机 4 分半钟后切除第一台高压注水泵，在第 11 分钟后切除第二台高压注水泵。蒸汽发生器供水中断，失去主给水，一回路压力继续升高，稳压器卸压阀开启，但卸压后卡在开启位置，造成一回路持续卸压，导致反应堆冷却剂压力下降。汽轮机停机后 7 分钟，安全壳底槽排除积水的泵自动启动，把水打到装于辅助建筑物内的放射性废物处理系统中去。由于稳压器经排放阀不断把水排到释压箱，使释压箱上的防爆盖在停机后 15 分钟鼓破，因而反应堆冷却剂中的水汽排到安全壳建筑物内，积集于底部地槽，并由泵打到辅助建筑物内。

接下来的一个小时，反应堆冷却剂的压力和温度稳定在大约 70kg/cm2，288℃。在这期间为了维持稳压器中的水位，间歇地使用了高压注水泵。但是，由于反应堆冷却剂中存在蒸汽，推断在这期间反应堆系统中水的存储量一直在下降。由于担心水泵出现气蚀和振动，值班员在 5 时 15 分左右切除 B 组两台反应堆冷却泵，而在 5 时 40 分左右切除 A 组的两台泵（即在停机后 1—2 小时内）。此时，反应堆冷却系统出现了蒸汽，使冷却剂的自然循环受到堵塞。大约在 5 时 45 分到 6 时之间，堆芯开始过热，反应堆的热段温度上升，14 分钟内超过满刻度 327℃。大约在 7 时，反应堆冷却剂取样管线处出现高剂量的放射性（接触读数约为 60mR/h），于是发出现场警报。大约在 7 时 30 分，在安全壳内出现高剂量的放射性，接着就发出全面警报。美国核管理委员会（NRC）第 1 区事故处理中心在 8 时 10 分采取行动，8 时 45 分派出事故处理小组，10 时 5 分到达三里岛现场。10 时 45 分，离现场 460 米远处已测出放射性剂量为 3mR/h。①

---

① 刘定平编：《核电厂安全与管理》，华南理工大学出版社 2013 年版，第 8 页。

（二）核电事故原因

从以上事故过程描述来看，三里岛核事故是一次由于设备缺陷、机械故障、人员操作不当等技术原因和人为原因导致核电站运行状态失控，酿成事故的。

1. 设计缺陷、核设备失效等技术层面的原因

当时 2 号机组的蒸汽发生器是一种直流式发生器，由巴布考克－威尔柯克斯公司设计的，没有采用除氧给水箱，二回路水容量较小，压力易波动，给水中断极易烧干。而安全壳地坑水泵自动将积水排入厂房的贮水箱中，将放射性水自动排入无屏蔽措施的辅助厂房会造成环境污染。这些设计明显有缺陷，控制系统不完善。主给水系统的设备、除盐器、气动阀门、冷凝泵等设备失效，卸压阀复位故障，稳压器水位指示器指示错误，也是造成此事故的原因。

2. 人为方面的原因

主要表现为操作失误、管理不善。当时，工作人员发现稳压器水位指示过高，又没有确认卸压阀复位的情况下竟然关掉了紧急芯部冷却系统，致使芯部过热，元件损坏。其实，稳压器只是指示器错误指示，之前也没有发现。检修完辅助给水回路后阀门呈关闭状态，操作人员竟然不知道，照常运行了反应堆。该电厂在设备维修记录上，竟然有辅助给水阀维修后未予打开、几周前发现稳压器泄压阀漏水但并没及时维修和提醒、发现除碘的活性炭过滤器濒于失效等三大设备失修或维修差错，可见三里岛核电厂的管理与运行水平。几个设备同时失效或故障也说明该核电厂的核验检查制度的疏漏。

（三）核电事故后果

由于三里岛核电站由容积大且结实的安全壳保护，放射性物质对外释放有限，对环境和公众影响也有限，三里岛核事故被定为五级核事故。虽然没有人员伤亡，但也造成了一定的风险后果，比如经济损失，仅 2 号堆的总清理费用就达 10 亿美元。除此之外，比如技术风险发生直接导致的污染环境、人员遭受辐射；由此引发的居民撤离、

学校停课等影响社会生活正常秩序的社会风险后果。

1. 污染环境

事故中由于部分元件的损坏，有一定剂量的一次水污染了反应堆大厅，在芯部、冷却剂、废物处理系统中都可能存在一定的放射性。安全壳内地坑的水由于不断流入废物处理系统，后因废物处理系统容量有限，只好排入萨斯奎哈纳河，对河流产生一定的污染。

2. 影响人员身体健康

核电事故中，相关工作人员进去取样，会受到一定的辐射，有 3 名工作人员受到了 40 毫西弗剂量（工作人员每年可以接受 50 毫西弗的剂量）的辐照，1 名工人的前臂皮肤受到了 500mSv 的辐照，1 名工人的手指因进行反应堆冷却剂取样操作而受到 1500mSv 的辐照，一定程度上损害了人们的身体健康。

3. 居民撤离、学校停课等影响社会生活秩序的后果

此次核事故也影响了附近居民的生活和正常业务。事故第三天，政府还要求附近几所学校停课，并建议 5 英里范围内的学龄前儿童和孕妇撤离，10 英里内的居民闭门不出。电站 20 英里内共有 20 万居民，在 1979 年 3 月 31 日和 4 月 1 日两天中，撤离了 8 万人，4 月 3 日撤走了 4 万人，到 4 月 6 日还有 3 万多居民没有撤离。若干营业部门也受影响而关闭，影响了当地正常的社会生活秩序。

二 切尔诺贝利核电事故

1986 年 4 月 26 日发生在苏联的切尔诺贝利核电事故，是核电历史上最严重的核事故，是首例被国际核事件分级表评为第七级事件的特大事故。此次事故，影响深远，至今仍是许多人心中的噩梦。

（一）核电事故过程

苏联切尔诺贝利核电厂位于现乌克兰普斯彼亚季市，1986 年 4 月 25 日，4 号反应器预定关闭以作定期维修及测试。控制员为了更安全、更低功率地进行测试，降低 4 号反应器的能量输出，但降低能量

水平过快，输出功率已经降到了安全规定的最大限度，尽管这样，现场管理者并没有关闭反应堆，而是继续试验。4 月 26 日 1 时 05 分，水泵被涡轮发电机带动，水的流量由于之前违规操作的影响而超出了安全章程的上限，水流量在 1 时 19 分继续增加。由于水也会吸收中子，在水流量进一步增加时，不得不手工撤除控制棒，导致了反应堆极不稳定和危险情况的出现。但是反应堆工作人员并没有意识到危险，1 时 23 分 05 秒试验开始。试验开始后不久，反应堆功率急剧上升，冷却剂温度上升，出现闪蒸现象（即突然蒸发成水蒸气）。由于冷却剂被加热，少量蒸汽在冷却剂管道内产生。在这种情况下，反应堆操作逐渐变得不稳定和更加危险。1 时 23 分 40 秒操纵员按下紧急停堆按钮，所有控制棒被充分插入。但是由于堆芯功率暴涨，温度急剧上升，导致了控制棒管道变形，控制棒无法插入堆芯。至此，反应堆已经进入了失控状态。在 1 时 23 分 47 秒，反应堆产量急升至大约 30GW，是正常运行下的 10 倍。此后，燃料棒开始熔化而蒸汽压力迅速增加，导致一场蒸汽大爆炸。爆炸使反应堆顶部移位并受到破坏，冷却剂管道爆裂，并在屋顶炸开一个洞。由于反应堆是以单一保护层方式兴建，这导致放射性污染物直接进入大气。小部分屋顶被炸毁之后，氧气流入。极端高温的反应堆燃料和石墨慢化剂在氧气作用下剧烈反应，引起了火灾，火灾令放射性物质扩散并污染至更广区域。①

（二）核电事故原因

导致切尔诺贝利核事故发生的原因，也不外乎是核电站设计的缺陷和工作人员人为的失误等，技术层面的原因和人员操作、判断等人为方面的原因。

1. 设计隐患

切尔诺贝利核电站 4 号机组反应堆是一种非均匀压力管式热中子堆，以低浓缩二氧化铀作燃料，石墨作慢化剂，轻水作冷却剂，这种

---

① 刘定平编：《核电厂安全与管理》，华南理工大学出版社 2013 年版，第 6 页。

石墨冷水堆工艺落后，安全性差，在设计上有一些缺陷。一是安全壳设计有缺陷。切尔诺贝利核电厂4个反应堆与其他反应堆最大的不同就是没有采用安全壳保护结构。这种反应堆设计把反应堆建筑物看作是由许多相互连接的隔间或区域组成，设计的每个区域都能承受不同的超压，而超压的大小则取决于它们安装的部位与回路系统。很明显这是一个有缺陷的系统，因为它的部分主密封室并不能应付漏斗状通道上部、提升管、气鼓或分离器、泄气管上部等处所发生的事故，而反应堆的建筑物也不能承受内压，而且其反应堆空腔较薄的钢壳仅能承受单一通道的事故。所以，尽管反应堆空腔周围的结构物是相当结实的，但并不能起到安全保护的作用。二是控制棒设计有缺陷。控制棒是被用于插入反应堆来减慢核反应的，但切尔诺贝利反应堆设计的控制棒是空心的。这样当插入控制棒时，在最初的数秒钟里，冷却剂由于控制棒的空心外壳结构而发生偏移，因而反应堆的输出功率并没有下降却在上升，导致反应堆不可控制。

2. 人为方面的原因

4号堆测试实验开始后，操作人员关闭了反应堆的安全系统，并从反应堆核心至少拿出204支控制棒，只在堆芯留下了7支。正常操作中堆芯核心区域至少要有30支控制棒，并且按照规定安全系统也只有在发生故障时才可关闭。可见，操作人员的行为是严重违规的。此外，事故发生前实验室有176名工作人员，在发生事故后，大多人员选择了逃离，没有在有效时间内采取措施减少事故造成的损失。

（三）核电事故后果

核电史上最严重的切尔诺贝利事故，其后果也是极为惨重，无论从经济损失、环境污染、放射性物质泄露情况来说，还是从人员伤亡、人们心里恐惧、居民撤离的规模等方面来说，都是令人震惊的，经济损失超过2000亿美元，其他风险后果的后续影响还是未知数。

1. 放射性物质泄漏

事故当场有8吨多的强辐射物质倾泻而出，外泄的辐射尘随着大气飘散到苏联的西部地区、东欧地区、北欧的斯堪的纳维亚半岛。乌克兰、白俄罗斯、俄罗斯受污染最为严重，由于风向的关系，据估计约有60%的放射性物质落在白俄罗斯的土地。放射性物质对地表、水域、动植物、人类的污染和危害非常大。

2. 污染环境

本次核电事故使5万多平方千米的土地受到污染，土地上的植被、水域和生态暴露在辐射下，严重影响了生态环境。核放射对乌克兰地区数万平方公里的肥沃良田都造成了污染。美国南卡罗来纳大学等多家机构的联合研究显示，由于长期暴露在辐射中，切尔诺贝利地区许多树木的基因发生突变，出现十分反常的形态，而不断增加的基因突变会影响树木的存活率、繁殖和生长。

3. 人体伤害

此次核电事故造成2名工作人员当场死亡，134名电站员工和应急人员患上急性放射病，其中28人在事故后的几个月内死亡。根据统计，切尔诺贝利核事故造成6万—8万人死亡，320多万人遭到核辐射的侵害，13.4万人遭受辐射病影响，仅乌克兰就有250多万人因切尔诺贝利而身患各种疾病，其中包括47.3万多名儿童。

4. 经济社会动荡

核电站30km以内的地区被定为"禁人区"，事故发生20多天间，就已经有30多万人被迫撤离疏散。当事故产生的放射性烟云将大量放射性物质散布到苏联和欧洲的其他地方，给白俄罗斯、俄罗斯和乌克兰等国造成了十分严重的社会和经济动荡，并且事故后果的延续无法估量，据专家估计，完全消除这场浩劫对自然环境的影响至少需要800年，而持续的核辐射危险将持续10万年。

三　日本福岛核泄漏事故

2011年3月11日，由于东日本大地震引发的海啸导致福岛第一核电站发生反应堆炉心熔融事故，核泄漏等级被定为七级，与切尔诺贝利核事故同等级别，这是进入 21 世纪以来影响最大的核电事故。

（一）核电事故过程

福岛核电站地处日本福岛工业区，是 2011 年前全世界最大的核电站，由福岛一站、福岛二站组成，共 10 台机组（一站 6 台，二站 4 台），均为沸水堆。

2011 年 3 月 11 日 13 时 46 分，日本东部海底发生里氏 9.0 级特大地震。地震发生后，福岛第一核电厂的 1、2、3 号机组成功实现"停堆"。停堆后核电厂的应急柴油发电机启动以维持冷却水循环。但 15 米高的滔天大海啸淹没了柴油发电机，导致水泵缺乏电力供应，第一核电厂的 1、2 号机组丧失冷却功能。3 月 12 日，1 号机组从凌晨起释放蒸汽，导致微量核泄漏。上午 10 时，福岛第一核电厂正门核辐射浓度达到 7 时 40 分的 73 倍。由于温度过高，1 号机组反应堆压力容器内冷却水蒸发速度加快，出现水位下降情况，核燃料棒上部段露出水面处于干烧状态。12 日下午 13 时许，1 号机组附近探测到放射性元素。16 时许 1 号机组厂房发生氢气爆炸，晚上 22 时许，抢修部门开始向 1 号反应堆注入海水实施冷却。13 日凌晨 5 时许，3 号机组丧失冷却功能，随后核电厂厂区辐射剂量一度升至 1.2042 毫西弗/小时。3 号机组后来处于无法注水的状态，在反应堆压力容器内水位下降后，也出现核燃料棒干烧、锆合金外壳破损的情况。13 日下午，抢修部门开始向 3 号机组注入海水，并继续释放安全壳内的蒸汽。14 日 11 时许，3 号机组也发生氢气爆炸。16 时许，2 号机组反应堆压力容器内的水位急速下降，一度导致全长约 4m 的核燃料棒全部露出水面，处于严重的干烧状态，核燃料棒锆合金外壳发生烧熔破损。15 日 6 时 10 分，2 号机组发生爆炸，压力抑制池出现破损。此次爆炸导致安全壳内部放射性气体大量泄漏。到了 8 时 31 分达到非常严重的核泄漏。9 时 40 分，4 号机组发生氢气爆炸并起火。15 日晚上抢修部门曾试图向 4 号机组厂房的乏燃料棒冷却池注水，但未能成功。16 日 7 时许，4 号机组厂房再次发生火灾，火焰从 15 日爆炸形成的破洞喷出。16 日 10 时许,第一核电厂附近升起白烟,因为现场辐射剂量太高,抢修人员未能靠近查明情况。下午,日本自卫队直升机曾试图向 3 号机组厂房喷洒冷却水,但因为辐射剂量过高而放弃。17 日 9 时许,日本自卫队两架 CH – 47 大型直升机在 3 号机组厂房上空实施注水冷却作业。但注水作业后,核电厂厂区的辐射剂量没有变化。①

(二)核电事故原因

尽管福岛核电事故是由极端外部事件叠加导致全厂断电而引发的,但实际上仍有设计缺陷、设备老化、人员操作不当、当地应急不力等不可忽视的内部原因,进一步造成事态恶化而难以控制。

1. 设计、设备等技术原因

一是设计基准不高。福岛核电厂在地震中受损并不严重,但地震引发的滔天海啸导致了全部应急柴油发电机丧失功能,说明设计基准并没有考虑到地震及次生海啸的级别和强度。二是设计上缺乏预防和缓解严重事故的能力。福岛一站 1 号机组于 1967 年动工、1970 年并网的,属于最早型号的第二代沸水堆,因为建造于三里岛核电事故之前,建造时并没有核电事故预防的概念,设计上缺乏应对严重事故的措施。比如在失去全部交流电源的情况下,不能通过非能动手段导出堆芯余热;二次安全壳内缺少必要的消氢装置,导致氢气达到临界值发生爆炸;还有采用 MarkI 型安全壳,其自由容积太小,当蒸汽无法冷凝就容易超压,易产生氢气聚集引发爆炸。还有抑压池位于堆芯下方,无法建立自然循环。再比如,严重事故下,测量仪表不可用,影响抢险人员的判断;主控室可居留性也不高等方面的设计都需要提升。三是设备老化。福岛一站 1 号机组已经运行 40 多年,各种设备、管道已经老化,容易出现问题。本来第二代核电技术的堆芯设计寿命也就是 40 年,1 号机组已到运行寿期,但厂方仍作出了延寿运行 20

① 刘定平编:《核电厂安全与管理》,华南理工大学出版社 2013 年版,第 14 页。

年的计划。

2. 人为的原因

福岛核电事故中，操作人员一直采取比较保守的冷却方式，直到爆炸发生时也没有向堆芯注入硼水。他们一方面抱有侥幸心理认为核反应堆能够承受，另一方面担心注入硼水会导致反应堆报废。还有，操作人员没有积极采取措施，尽快恢复现场交流电供应。操作人员的这些失误，也是造成福岛核电事故的重要原因。此外，厂方应急准备不足，比如缺乏应急情况下的淡水资源。在对核电站安全管理、日常排查隐患等方面也不够重视，管理上的滞后疏忽也是导致事故恶化的一个原因。

（三）核电事故后果

福岛核事故中尽管没有人员因为核辐射而伤亡，但其后果无疑是非常严重的，核事故的后果不可避免地因为放射性元素泄漏导致污染环境、危害人们身体健康、引起人们心理恐慌等问题，以及由核事故引发的居民撤离、正常生活秩序被打乱等后果。

1. 环境污染

首先，就是对海洋造成的污染，这次事故向太平洋泄漏的放射性元素铯总量达到 27.1 千兆贝克，对近岸物种造成威胁，是迄今为止最严重的一次海洋污染。其次，对空气、土地等造成的污染。福岛核电厂释放到大气中的放射性物质总量已远超出 7 级的事故等级，释放的放射性物质总量达到 1017Bq 量级，飘浮在空中的放射性核素随风扩散，或落在地表、建筑物上，或随风雨入土，或进入江河，是放射性污染的源头之一。

2. 影响健康

从 2011 年 3 月事故发生到 2014 年 1 月的 32034 人中，被累积辐射 50 毫西弗以上的为 1751 人，其中 173 人被辐射超过 100 毫西弗。被累积辐射超过 5 毫西弗的人数为 15300 人，占总人数的近一半。虽然没有达到致病的辐射量，但是否影响身体健康以及多大程度影响都是不得而知的。

3. 疏散居民

居民撤离，影响人们正常的生产生活，一定范围内的社会秩序受到破坏。根据相关机构的统计，福岛核事故发生后，福岛县从福岛第一核电厂周边地区共撤离了约16.5万人。当年3月12日，日本首相就建议居民疏散避难的范围从第一核电站半径3公里以内扩至10公里。到15号晚上，撤离的范围已经由原来的10公里扩大到30公里。许多人逃离或被疏散离开了自己的家园。

4. 造成心理恐慌

对于当地民众而言，福岛核事故似乎是永远无法结束的噩梦。核电事故后，大批居民不时地被告知不能长时间在室外停留，不能喝当地的牛奶，不能吃当地的蔬菜，等等，这对当地居民的心理承受能力是一个极大的挑战，尤其是处于成长期的小孩子。据报道，目前还有13万人无法回到自己的家中，有些小孩每天醒来还会问今天有没有辐射这样的问题。核电事故给人们造成的心理恐慌、恐惧难以预测。

四　三次核电事故的影响

核电事故的发生不仅带来巨额的经济损失和环境污染，也影响了核电行业和公众的风险认知。核电事故一方面促进了核电技术的进步，每次核电事故过后都会反思技术、设备缺陷，在新的核电站等技术、设备设计方面进行改进；另一方面也减缓或者影响核电行业的发展进程，由于核电事故的危害使人们在作出技术选择的时候会重新考虑或者犹豫迟疑。此外，几次大的核电事故也加剧了人们对核电技术的恐惧，对人们的风险认知起着深化或放大的作用，从而使核电技术应用的公众沟通环节显得非常重要，也使核电技术风险研究的视角不仅限于技术层面，核电技术风险的社会建构、社会过程也成为该领域研究的重要内容。

（一）对核电行业的影响

三次重大核电事故的发生时间跨度为三十多年，历经核电技术及其应用的快速发展时期、技术层面升级换代不断提升安全性成熟性的时期。但是三大核电事故都表明堆芯严重受损甚至发生大量放射性物质外泄的潜在风险是存在的，在设施设计技术上就要考虑预防和缓解严重事故和应对严重事故的充分措施。尽管核电技术层面不断注重安全性设计，但事故还是发生了。因此，这三次重大核电事故用残酷的现实让人们认识到核电厂不是绝对安全的，也彻底打破了之前人们对核电事业盲目乐观的情绪，影响了世界核电的发展，三次事故凸显出的管理重要性也推动了核电业安全走向国际体制。

第一次核电事故发生在 1979 年，在核电技术应用进入快速发展的时期，各国对核电的热情、信心高涨的时期，此次事故就像是当头一棒、迎面一盆冷水，不仅造成巨大经济损失，还冲击了世界核电建设热潮，使核电业进入一个萧条时期，也造成核电人才大量流失。正是因为此次事故，大量正在筹备建设的核电机组被撤销或者暂缓建设，而事故发生地的美国在以后三十年里没有建设或者投产过一台核电机组。切尔诺贝利事故尽管发生在 1986 年，核电技术及其应用进入第二代时期，但因为该核电站建设时间早，仍然是第一代核电技术的应用，所以技术上的缺陷是比较明显的。这次史上最严重的核电事故首先就影响了苏联本国的核电计划，尽管苏联表示为了人类今后的发展，还会更多地利用核能，但是事故前列入计划的与切尔诺贝利核电站堆型一样的七座反应堆基本采取了暂停的方针，苏联还成立了核动力工业部，以加强核工业发展和管理。1986 年 10 月上旬召开的世界能源会议十三届大会的资料表示：切尔诺贝利事故之后，各国对发展核能的考虑都有了变化。原打算发展核电的国家准备推迟或放弃，有些国家表示犹豫。像菲律宾、土耳其、意大利和印度等国，当时决定不建核电站。而联邦德国处在犹豫，可能暂时不增建。发生在 21 世纪以后、核电技术比较先进时期的第三次核电事故，日本福岛事故对世界核电业的发展影响比较大，比前两次核电事故都大，称得上是严重的打击。2011 年的福岛核事故发生后，各国开始重新审视本国的核电发展战略。日本作为事故发生国,政府当即就决定要重新审视本国的能源政策,减少对核电的依赖,逐步关停全国 50 座反应堆。而之后的重启反应堆也是曲折万千,道路漫漫。其他国家中,有些国家决定放弃使用核电,德国决定停止发展核电并宣布在 2022 年前关闭国内所有核电厂。瑞士也表示不再重建或更新核电厂并将逐步关闭现有的 5 座核电厂。有些考虑首次引入核电的国家也因此宣布取消或者说延期恢复搁置的核电计划。而美国虽然仍主张发展核电,但也因此事故后的舆论暂时放缓核电发展步伐。但是以法国、美国、英国和印度为代表的大部分国家仍主张继续发展核能,并计划维持或大幅增加核电占比。福岛核事故对我国核电发展的影响也是巨大的。此次事故使我国暂缓"十三五"规划关于积极发展核能源的计划,国内所有核电项目全部暂停审批。

（二）对公众核电风险认知的影响

提起核能,人们会本能地想到核武器核导弹,不由自主地就会产生恐惧,核能发电的低碳性以及核电技术的发展使人们在担忧中被动接受了发展核电的计划。但三次重大核电事故的发生,尤其是核电技术安全性不断提高背景下的日本福岛核电事故的发生,给人们的心灵蒙上了一层阴影,引起了核恐慌在全世界蔓延,加剧了人们对核电风险的担忧,使得风险认知与公众接受成为发展核电的最大阻碍。

三里岛事故后,当时由于缺乏核知识,对核电技术的认知也比较弱,引起舆论混乱,造成人心惶惶。而 7 级的切尔诺贝利事故给当代以及可能未来世世代代人的健康造成长期威胁,加大了人们的普遍担忧和困惑感,导致受事故影响的人群持续存在高度紧张、焦虑以及一些医学无法解释的身体症状,比如使人感到无助和无法掌握其未来。不仅如此,远隔万里的其他民众也因切尔诺贝利事故感到核辐射的可怕,引起全世界"反核"人士的增加。离当今最近的日本福岛核事故后,核事故、核泄漏、核辐射和核危机等成为全世界新闻媒体的关键词，引起了世界人民对此事故的极大关注和担忧，日本、德国等国家的民众发起了反核游行，中国、日本、美国和法国等国家出现了抢购碘盐和碘片的现象，引发了世界范围内的社会恐慌。近几年，日本政府打算重启符合新安全标准的反应堆也因为周围居民和地方政府的反对而中断或搁置，也进一步说明事故带给人们的恐惧、对人们核电风险认知影响比较大。2015 年，虽然日本政府声称福岛周边水产品已达到安全标准，但周边国家的民众仍有疑虑。由于日本与我国位置临近，日本福岛核事故对我国民众影响非常大，在调研中发现更多的民众对核电的初认知是来自于这次事故，加之信息传播速度快，我国民众也陷入"核恐慌"。因这次核电事故我国暂停核电项目审批，直到 2012 年《核电安全规划（2011—2020 年）》和《核电中长期发展规划（2011—2020 年）》出台以后才重启核电项目审批，但由于公众的反对，至今内陆核电重启也没有明确的时间表。因此，核电事故对公众核电风险认知的影响是必然的。

第三章 核电风险的国内外研究综述

根据国际原子能机构发布的 2019 年年度报告显示，截至 2019 年底，全球共有 443 台核电机组在运行，总装机容量达到 392.1 吉瓦（电），分布于 30 个国家。2011 年以来，全球累计新增 23.2GWe 核电装机容量。从发展态势看，截至 2019 年底，全球在建机组共有 54 台（总装机容量 57.4GWe），遍布于 19 个国家，其中 4 个国家为首建项目。报告还显示，自 2012 年以来，核电持续增长超过 9%。表明核电在稳定发展。核能发电的技术从一开始就伴随着风险，提高安全性始终是核能利用技术发展的目标之一，对核电风险的规避最主要就是强调不断改进工程设计、设备制造、核燃料循环、核能技术研发等技术研究，但现代社会下技术本身就是重要的"风险源"。随着商用核电站的增多，人们风险感知的增强，尤其是核事故发生的事实，使得核电风险问题成为除了技术领域专家学者外社会学领域也非常关注的话题。围绕本课题的研究目的，主要从核电风险的技术视角、社会学视角对国内外相关文献进行梳理，重点是综述社会科学领域的核电风险研究情况。

第一节 国外研究现状

核电技术产生于国外，20 世纪 40 年代年后，德国科学家对核裂变现象的揭示和裂变链式反应在美国的实现为核电技术的发展奠定了基础，到了 50 年代初，也就是 1954 年苏联建成全世界第一座石墨沸水堆型核电站。自此，核电技术作为一种新技术问世，同时由于核电技术本身的复杂性和不确定性，技术专家也不断推进核电技术发展来规避其自身风险和由其对社会造成的风险，直到 1979 年美国核电站核泄漏事故以后，更多的人对核电站产生担忧和焦虑，引起社会学、政治学等领域专家对核电站事故带来的社会影响、周边居民对核电态度及其影响因素、核电政策如何制定等问题进行关注。随着核电的开发利用，对核电风险的研究从科技、伦理领域逐步扩展到政治、文化、社会等方面。各国政党、社会组织、居民对核武器态度和行为不在本书研究讨论范围。因此，通过对国外相关文献进行梳理，国外对核电风险的研究主要有以下几方面。

一　核电安全问题的技术研究

核电安全问题的技术研究主要集中从影响核电安全运行的因素来开展，最初认为决定核电安全的是机组设计、反应堆设计等"物"的因素，但从发生的核电事故分析发现，事故的发生大多是"人"的因素，因此，技术研究聚焦在工程技术和管理技术研究。

首先，"物"的技术研究。核电就是利用核分裂或核聚变反应所释放的能量产生电能的。目前来看，世界上现有的核电都是采用核裂变反应。因此，核电生产技术本身就比其他技术具有更高的潜在风险，潜在危险主要在于放射性裂变产物的泄漏，造成周围环境的危害和人类身体健康的危害。核能专家认为，选择优良的核反应堆堆型是确保核电站运行安全的关键，核科学专家就致力于降低反应堆堆芯熔化概率、防止核泄漏而不断改进反应堆型、控制保护系统、冷却系统以及设置安全屏障等技术和创新来提高核电的安全性。核电技术自产生并投入运用以后至今各阶段堆型技术、特点、安全性等情况如表表 3－1 所示。

表 3 – 1　　　　　　　　核电技术发展历程

核电技术阶段	技术体现	时间	代表国家	特点
第一代（1954—1965 年）	实验性石墨沸水堆	1954 年	苏联	属于原型堆/示范堆，功率小，技术受限，建设目的是验证核电工程的可能性
	原型天然铀石墨气冷堆	1956 年	英国	
	原型压水堆	1957 年	美国	
	天然铀石墨气冷堆	1962 年	法国	
	天然铀重水堆	1962 年	加拿大	
第二代（1966—1980 年）	压水堆、沸水堆、石墨堆等	20 世纪 70 年代	美国、苏联掌握标准型核电站技术，日本、法国引进技术为主	传统"能动式"安全措施，增设了氢气控制系统、安全壳泄压装置，安全裕量增大
第三代（1981—2000 年）	AP1000 欧洲动力堆 EPR	20 世纪 90 年代末	美国法国、德国合作	满足 URD 和 EUR 设计要求，非能动安全系统，具有延缓和预防严重事故措施
第四代（2001 年至今）	处于开发阶段		美国能源部倡议由 10 个国家组成"第四代国际核能论坛（GIF）"	安全、经济，极少核废物生成，可有效防止核扩散的先进核能系统

注：表中内容根据 http：//www. shhdb. gov. cn/sjhd/index. htm 资料整理，检索时间为 2015 年 12 月 1 日。

尽管不断围绕安全性提升来改进核电技术，完善核设备设计，但新的技术能不能满足核电发展的目标还尚不确定，Maize，Kennedy（2019）认为，核能为全球变暖提供无碳电力。但是，核能还没有达到仍然可行的、经济的以及承诺可以实现的等这些目标，纵观先进的核技术，不确定会不会发生改变。[①] Kil-Young Jung 等（2017）认为

————————

[①] Maize，Kennedy，"Debate Continues：Can New Technology Save Nuclear Power?"，*Power*，2019（1）：30.

核电站新技术应用过程中也可能遇到风险，并为核电站新技术应用提出风险管理的建议。①

其次，围绕"人因"的管理技术研究。核电技术的先进性和可靠性是确保安全的重要因素，但实行严格的科学管理也是确保安全的重要方面，这是人们从切尔诺贝利事故中吸取的教训。因此，成立监管机构，制定规则要求推动核能和平利用和核电站安全运行的管理工程不断发展。成立于1956年的国际原子能机构（IAEA）就是一个专门致力于和平利用原子能推进世界各国政府在原子能领域进行科学技术合作的国际机构，从1974年起就开始制定核安全标准计划（NUSS），并在1978年到1986年期间出版包括5本法规和55本导则在内的60本书，涵盖政府部门、核动力厂、选址、安全法规等多方面的管理标准。世界各国也对核电安全性和经济性提出一系列定量的指标要求。20世纪80年代中期开始，美国电力研究院（EPRI）在美国核管会（NRC）支持下，根据本国运行30多年轻水堆的经验教训，为未来开发先进轻水堆制定准则，这就是被称为"用户要求文件"，即URD文件（Utility Requirements Document），这是一套使供货商、投资方、业主、核安全管理当局和公众各方面都能接受的电力公司要求文件（URD）。② 之后，欧洲各国电力界也提出了"欧洲用户对轻水堆核电站的要求"，即EUR文件（European Utility Requirements）③，日本和韩国亦相继制定出各自的电力公司要求文件EUR、JURD和KURD等等，表达了与URD文件相同或相似的看法。国际原子能机构也对其推荐的核安全法规（NUSS系列）进行了修订补充，进一步明确了对

---

① Kil-Young Jung, Myung-Sub Roh, "A Study for an Appropriate Risk Management of New Technology Deployment in Nuclear Power Plants", *Annals of Nuclear Energy*, 2017 (Vol. 99): 157.

② Prepared for Electric Power Research Institute US, *Advanced Light Water Reactor Utility Requirements Document* [R], 1993.

③ European Utility Requirements For LWR Nuclear Power Plants, 1955 DTN, Electricity de France, ENEL SPA, KEMA Netherland. B. V. Etc. Revision B. , November 1995.

防范和缓解严重事故，提高安全可靠性和改善人因工程等要求。①

二　核电风险的公众认知研究

核电技术问世以来，一方面人们为其和平利用提供能源的新技术而自豪，另一方面技术本身的"不确定性"包括反应堆设计、燃料循环设施、放射性废料处理等也让人们担忧，尤其是 1979 年美国三里岛发生核事故以后，公众对核电风险的感知问题越来越引起关注，核电安全性争议之声不再仅仅是专家、政府的声音，各国专家学者开始研究公众的核电风险认知、态度及其影响因素等问题。

一是风险认知理论研究。风险认知是从社会心理学层面对风险进行研究的，凸显了风险的人文因素特征。大概始于 20 世纪 60 年代，研究范围涉及消费、医学、科技、环境、自然灾害等各个方面，大致可分两个理论流派：心理测量流派和文化理论流派。心理测量流派代表人物为美国心理学家保罗·斯洛维奇等，就是主要运用多种心理测量维度方式，对感知风险、感知收益和感知的其他方面进行定量分析。② 这种主张运用心理学方法进行研究，注重测量风险根源的主观特征和主观感受的学者就属于心理测量流派。该理论认为风险是由个人主观定义的，而个人是受心理、社会、制度和文化等多种因素影响的。③ 斯洛维奇通过比较美国和法国公众风险感知研究，认为风险感知在判断美国和法国公众的核能态度方面是一个有力的预测指标。④ 心理测量方式的提出极大地推动了风险认知研究的发展。但英国心理学家巴鲁克·费斯科霍夫指出美国学术界与相关的政府机构用了 20 年的时间才在风险认知研究的基础上完成了风险沟通从具体、单一到系统、全面的管理过程。而文化理论流

---

① 欧阳予：《先进核能技术研究新进展》，《中国核电》2009 年第 2 期。

② ［英］谢尔顿·克里克斯基、多米尼克·戈尔丁：《风险的社会理论学说》，徐元玲、孟毓焕、徐玲译，北京出版社 2005 年版，第 132 页。

③ Slovic P., "Risk perception", *Science*, 1987, 236, pp. 280 – 285.

④ ［德］奥尔特温·雷恩、伯内德·罗尔曼：《跨文化的风险感知：经验研究的总结》，赵延东、张虎彪译，北京出版社 2007 年版，第 61 页。

派则试图从风险认知主体自身的生活方式来理解风险感知及与风险有关的行为。该理论的首创者是玛丽·道格拉斯（M. Douglas）和威尔德韦斯（A. Wildavsky），他们认为风险认知不能够脱离人们所依存的社会结构，如果不了解社会文化的价值和信仰，也就难以了解公众的风险认知。根据文化理论，制度结构是风险感知的最终原因，风险管理是其最近的刺激而非结果。① 人们应对风险主要是依据认知社会的方式以及各种制度和程序规则。狄波拉·勒普顿（Deborah Lupton）也非常鲜明地表达过这种观点，她认为各种社会、文化和政治过程建构形成了人们对于风险的认知、理解和知识，这些认知、理解和知识会随着行动者的社会位置和其所处的不同背景而有差异。因此，不管公众还是专家，他们对于风险的认知都是由潜在的社会、文化进程所建构产生的，从这个角度上讲，专家对于风险的判断不见得就比公众更为中立和正确。② 风险认知理论为研究各个社会行动者的风险态度、风险行为包括公众核电风险态度和认知及影响因素奠定了理论基础。

二是公众对核电风险的态度及相关研究。尤其是 1979 年美国三里岛核泄漏、1986 年乌克兰切尔诺贝利核电站爆炸等大的核事故爆发后，公众更加关切核风险。Van Der Pligt，J. 调查了自 20 世纪 70 年代末以来有关核能的公众舆论的趋势和发展，认为公众风险感知是影响舆论发展的重要原因，对核能风险诸如恐惧和焦虑的这种反应是在其家乡建设新的核电站的主要决定因素。③ Barkenbus 等比较了美国和法国基于国家结构的不同在面对大规模的公众反对核能存在时采取了不同措施，核能发展在两个国家有不同的结果。④ Van Der Pligt 等

---

① ［英］谢尔顿·克里斯基、多米尼克·戈尔丁：《风险的社会理论学说》，徐元玲、孟毓焕、徐玲译，北京出版社 2005 年版，第 95 页。

② Deborah Lupton, *Risk*, New York：Routledge, 1999, pp. 28 – 33.

③ Van Der Pligt Joop, "Public Attitudes to Nuclear Energy：Salience and Anxiety", *Journal of Environmental Psychology*, Vol. 5, Issue 1. 1985, p. 87.

④ Barkenbus, Jack N., "Nuclear Power and Government Structure：The Divergent Paths of the United States and France", *Social Science Quarterly*（*University of Texas Press*）, Mar1984, Vol. 65 Issue 1, pp. 37 – 47.

调查了一个可能成为新核电站所在地的农村社区的 290 个居民的态度，结果表明大多数反对建设核电站，但态度的差异不仅与潜在收益和成本的评估有关，还与对各种结果重要性感知的不同有关。[①] Rosa 等认为所有在核事故后立即投票的结果都会显示对核电的公众支持下降和对核安全的担忧增加，并分析了美国核电站建设的两个阶段：一是 20 世纪 70 年代，核电站建设的热情极高的早期阶段；二是三里岛事故后的矛盾发展阶段。[②] Visschers 等学者通过在瑞士做的一项纵向调查来研究人们的核电接受度与福岛事故前后人们矛盾心理和知识的变化，他们认为福岛事故对人们对核电矛盾心理的影响取决于人们先前的认可水平。先前的接受度对于人们在核事故后是否接受某技术起着重要作用。[③] Maximova，S. G 等认为，核技术的使用不可避免地增加了社会和人们情绪的生态风险，通过从 2013 年至 2015 年对俄罗斯 9 个州的调查监测，证明了核电站所在地风险的社会可接受性是核工业发展、消除社会紧张、形成积极社会情绪的必要条件。[④]

　　三是公众核电风险态度的影响因素研究。斯洛维奇等研究者就指出，公众对核电的风险认知在很大程度上受到风险的主观特征的影响，风险的"忧虑性"维度影响着人们对风险后果严重性的估计，而风险的"熟悉性"维度则影响着人们对风险发生可能性的主观估计。[⑤] 科维洛（Vincent Covello）和桑德曼（Peter Sandman）提出影响

———————————

　　① Vam Der Pligt Joop，Richard Eiser Russell Spear，"Construction of a Nuclear Power Station in One's Locality：Attitudes and Salience"，*Basic & Applied Social Psychology*，Mar 1986，Vol. 7 Issue 1，pp. 1 – 15.

　　② Eugene A. Rosa，Riley E. Dunlap，"Nuclear Power：Three Decades of Public Opinion"，*Public Opinion Quarterly*，Summer94，Vol. 58 Issue 2，pp. 295 – 324.

　　③ Visschers，Vivianne H. M. Wallquist，Lasse，"Nuclear Power Before and After Fukushima：The Relations Between Acceptance，Ambivalence and Knowledge"，*Journal of Environmental Psychology*，Dec2013，Vol. 36，pp. 77 – 86.

　　④ Maximova，S. G.，Akulich，M. M.，"Social Moods as Ecological Risk Perception in Residential Area Around Nuclear Power Plants（Regional Analysis）"，·Ukrainian Journal of Ecology，2018（1）：409.

　　⑤ SlovicP.，Fischhoff B.，Lichtenstein S.，"Fact and Fear：Understanding Perceived Risk"，*Policy and Practice in Health and Safety*，1979，（38）.

公众风险认知程度的因素有：自愿性（Voluntary）、可控（Controllability）、熟悉（Familiarity）、公平（Fairness）、利益（Benefit）、潜在的灾难性（Catastrophic potential）、理解（Understanding）、不确定性（Uncertainty）、延迟效应（Delayed effects）、对儿童的影响（Effects on children）、对后代的影响（Effects on future generations）、确定的受害者（Victim identity）、恐惧（dread）、信任（trust）、媒体的关注（media attention）、事故历史（Accident history）、可逆性（Reversibility）、个人利害关系（Personal stake）、道德本性（Ethical nature）、人为或自然事故（Human vs . natural origin）。[①] Pligt 等探讨了关于英国西北部塞拉菲尔德核燃料后处理厂的电视纪录片播出前后对公众态度的影响，在对该地4个区805名受访者研究中发现，看过或听过塞拉菲尔德核燃料后处理厂的公众在纪录片播出后更多倾向于反核，生活在核电站附近的比其余的受访者认为不严重。[②] Michio Murakami 则研究了2011年福岛核电站事故发生后的风险沟通问题，他们测量并描述了福岛、东京和大阪居民对饮食放射性核素的恐惧风险和未知风险的认知，认为位置（距离核电站的距离）、疏散经验和中央政府的信任是影响人们风险感知的主要因素。[③]

三　核电风险的社会学研究

国外研究者除了对核电风险的公众态度及其影响因素做具体的实证研究外，也把包括核电在内的核风险放到更宏观的人类社会的视野中加以研究。风险社会理论提出者贝克曾强调：以核风险为代

---

① Vincent Covello, Peter Sandman, *Risk Communication：Evolution and Revolution*, *Solutions to an Environment in Peril*, John Hopkins University Press, 2001, pp. 164 – 178.

② Pligt, Joop Van Der, Eiser, J. Richard Spears, Russell, "Nuclear Waste：Facts, Fears and Attitudes", *Journal of Applied Social Psychology*, May87, Vol. 17 Issue 5, pp. 453 – 470.

③ Michio Murakami, Jun Nakatani, Taikan Oki, "Evaluation of Risk Perception and Risk-Comparison Information Regarding Dietary Radionuclides after the 2011 Fukushima Nuclear Power Plant Accident", *PlOS ONE*, 2016 (11) .

表的现代科技风险将把人类社会推向新的纪元。阿兰·艾尔温根据当代社会学关于技术和风险的讨论，提出要重新考量核能与现代性之间的关系，他反对在核问题和现代性本身之间做过分联系，并指出，与核能相关的确定性绝不存在，所谓"确定性"只不过是通过评论和话语以理性的形式构造出来。并提出不能拒绝对技术过程的社会建构进行社会学研究。斯图亚特·阿兰发展了"核万能主义"一词来说明意识形态的机制。通过范例展示了如何通过分析核话语的语言来揭示定义权力的等级关系是如何在真理主张的水平上塑形了通常所说的"核地位"的。伊恩·威尔什则主张，通过理性范畴去考虑核风险，会忽略诸如欲望等其他情感维度在塑造和定义"可接受"的风险路径过程中的重要性。[1] 詹姆斯·弗林探讨了发生在美国的核污名现象。Weart 认为核电的起起落落牵涉了与具有深刻敏感性的社会文化信念和没有事实根据的观点呼应潜在危险，而这些信念和观点在大量关于与核有关的事件的故事中被强化。[2] Duncan 等提出社会学家应该对 20 世纪 40 年代末和 50 年代初预测核能将带来丰盈经济效益的观点进行重新审视，认为没有社会学家预见到核电技术及其社会进程如何违背公众意愿和助推反核运动的。[3] Rinkevičius 等对公众风险认知和核能尤其是核废物处置辩论的态度的理论方法进行社会学探究，认为核电作为一个有争议的社会、经济、技术和环境问题，蕴含着长期的核废物储存的不确定性，是一种特别的风险。论述了对核废物处置负面的公众态度的具体解释和对关于社会风险认知的社会建构与文化理论的理论假设。并提出核电政策需要考虑到科学家、政

---

① ［英］芭芭拉·亚当、［德］乌尔里希·贝克、［英］约斯特·房·龙：《风险社会及其超越：社会学理论的关键议题》，赵延东、马缨等译，北京出版社 2005 年版，第121 页。

② ［英］尼克·皮金等编：《风险的社会放大》，中国劳动社会保障出版社 2010 年版，第301—302 页。

③ Duncan, Otis Dudley, "Sociologists Should Reconsider Nuclear Energy", *Social Forces*, Sep1978, Vol. 57 Issue1, pp. 1 –22.

治家和普通大众、社会杰出人物等关键行动者话语联盟的框架和规则。①

四 核风险的其他研究

由于核风险的复杂性、核能利用对于一个国家的战略意义等原因，除了以上对核电风险的研究以外，还有专家学者从政治、政策、媒体传播等角度研究核风险。如《西欧政治学》曾刊文对比英国和法国不同政治环境中的反核运动，认为历史经验的差异和政治文化的不同导致对反核运动的处理方式不同。② Metz 等提出公众风险认知应作为存储高放射性废物处置选址过程中的重要考量，核和放射性技术的负面形象以及社会放大的负面事件会对设施周围造成更大的经济损失，在实施国家重大政策时需要考虑周边居民的"语用逻辑"和当地人口、经济状况。③ Koerner 等比较了三次核事故后的媒体报道，认为公众的核风险认知高于科学家，强调必须加强与公众的科学交流，提供规范的方法来缩小科学与政策之间的信息鸿沟。④ Hasegawa 等学者撰文讨论了日本福岛核电站事故中社会学经验教训，通过分析事故的原因和政府、电力公司的反应和责任，认为现在发生的一切都是在"原子界"与政治家、政府、学术界、工业界和媒体之间关系密切的背景下，提出应该从中学习。⑤ 还有讨论国家核电政策建议的，如

---

① Leonardas Rinkevičius，Aiste Balžekiene．"Public Risk Perceptions and Attitudes to Nuclear Power Controversies in Lithuania：Sociological Inquiry"，*Social Sciences*（1392 – 0758），2007，Vol. 56，Issue 2，pp. 38 – 45.

② TonyChafer，"Politics and the Perception of Risk：A Study of the Anti-Nuclear Movements in Britain and France"，*West European Politics*，Jan1985，Vol. 8，Issue 1，pp. 5 – 19.

③ Metz，William C.，"Historical Application of a Social Amplification of Risk Model：Economic Impacts of Risk Events at Nuclear Weapons Facilities"，*Risk Analysis：An International Journal*，Apr1996，Vol. 16，Issue 2，pp. 185 – 193.

④ Koerner，Cassandra L.，"Media，Fear，and Nuclear Energy：A Case Study"，*Social Science Journal*，Jun2014，Vol. 51，Issue 2，pp. 240 – 249.

⑤ Hasegawa，Koichi，"Facing Nuclear Risks：Lessons from the Fukushima Nuclear Disaster"，*International Journal of Japanese Sociology*，Mar2012，Vol. 21，Issue 1，pp. 84 – 91.

Mann 认为核反应堆、核燃料循环等很多环节都有风险，目前没有办法预测事故发生概率和排除破坏环境的排放，建议新西兰排除核能利用。

第二节　国内研究现状

不管是核电技术还是风险理论都是发端于西方国家，自然相关的研究国内晚于国外，研究也常始于学习、翻译、引进，但中国研究者在学习研究西方相关研究成果的基础上，基于中国国情，也结出了丰硕的研究成果。在中国对核电风险的关注研究，也是开始于核电技术，围绕核电安全问题开展技术改进和创新研究，研究者多集中在核科学家、核工作从业者等。随着核电技术的落地、核电站的开工建设、运营，有学者关注行业内部风险及其带来的社会风险，尤其在2011 年 3 月日本福岛发生核电站事故以来，中国社会科学领域的研究者从不同角度关注研究核电风险。因此，从现有的中国核电风险研究来看，主要集中在以下几个方面。

一　核电技术安全问题研究

核电作为核能利用的新技术，其技术的不断改进升级是降低核电风险的重要途径，而中国在核电技术研究方面虽然起步不晚，并于20 世纪 80 年代自主设计、自主建造了第一座秦山核电站，但是发展很慢，为了赶超先进的核电技术，中国选择引进和自主并行的技术路线，在运核电站中既有自主研发的技术，也有引进不同国家的核电技术，形成现有核电技术标准、设备等多样化，这也是中国更为强调核电安全的原因，同时也是质疑核电发展安全的靶子之一。

首先，中国核电技术研究进展情况。纵览核电技术方面的研究发现，虽然中国动议发展核电在 20 世纪 70 年代，但当时基本上只是对国外核电技术的介绍以及核电发展政策方面的少量讨论。直到 80 年代，中国才在吸取国外成熟核电技术和国内反应堆实验经验基础上自行设计了 30 万千瓦的核电动力装置，标志着我国核电技术的正式起步发展。欧阳予（1986）总结了秦山核电站的设计特征和所采用的技术指标，还论述了核电站的安全系统和设施，秦山核电站反应堆属于压水堆，从世界核电技术来讲属于第二代。[①] 之后，围绕世界核电技术发展趋势，在堆型技术、设备技术、工程建造技术方面以引进和自主研发并行的方式来推进核电技术进步，并且采用多方引进、多阶段引进的方式，从不同国家引进相关核电技术，在此基础上消化吸收，属于第二代核电技术的改进。90 年代主要是对核电站设备、辅助系统的研究开发，1999 年高温气冷实验堆压力壳制造成功，标志着中国新堆型领域的研究和制造技术达到国际先进水平。2000 年底，中国自行设计建造的高温气冷实验堆建成。[②] 从 2003 年起，启动第三代核电技术的招标工作，最后中国与美国西屋联合体达成协议，引进其最先进的第三代先进压水堆核电技术（AP1000）四台机组并获得设计技术、设备制造和成套技术、建造技术等先进的核电技术的转让。2012 年，掌握三代核电的运行和维护技术，2014 年底，由中核集团和中广核集团两家核电技术融合产生的"华龙一号"通过国际原子能机构的安全审查，表明中国自主三代核电技术达到先进水平。在核废料处置技术方面，我国自主研发的首座铅基核反应堆零功率装置，能够使核废料的重复利用率达到 95% 左右，大大减少了核废料的产生。铅基反应堆被 GIF 组织评定为有望首个实现工业示范和商业应用的第四代反应堆，表明我国整体研发工作已跻身国际一流水平。蒋建科认为正是靠技术创新来守护核电安全的，我国第三代先进压水堆核电机型头戴"金钟罩"、身穿"铁布衫"，就是采用国际最高安全标准研发设计的。在技术创新的推动下，核电对事故的预防和缓解能力

---

① 欧阳予：《秦山核电站的设计和建造》，《核动力工程》1985 年第 6 期。
② 刘兵、汪昕、费赫夫：《我国核电技术的能力演进与追赶路径》，《南华大学学报》（社会科学版）2013 年第 1 期。

也会不断增强。①

其次，核电安全性的宏观讨论。可以说，核电的安全问题伴随核电发展始终，早在 1982 年二机部第二次核电安全讨论会上就提出要重视核电安全法规的制订，从监管方、厂址安全、运营方、设计、质量等方面来加强核电安全。21 世纪之前，中国核电问题的研究还只限于科学技术领域，涉及安全的不是强调核电是安全能源，就是从技术设计、运营管理等方面来保障核电安全的。魏仁杰通过对三里岛和切尔诺贝利事故分析提出影响核电安全的问题是硬件系统失效、安全设计准则缺陷、核电站操作规程特别是应急规程不完备、人为错误，所以，要从更高安全性的堆型设计、核电站安全管理的加强、风险概率评价等方面确保安全。② 钱积惠等提出设计建造自安全铀氢锆反应堆来解决水堆核电站安全问题。③ 居玉鑫通过介绍核电厂工作原理并阐述技术、法规、管理等保障核电安全，认为中国核电厂是安全的。④马一提出"纵深防御"是核电厂安全的关键，纵深防御可分为五个保护层，设置多层屏障避免放射物外溢和设置多层保护避免屏障遭破坏。⑤ 针对日本福岛事故中氢气爆炸，王超等认为搞清楚事故中氢气来源，并及时采取措施降低安全壳内氢气浓度，对于核电厂安全至关重要。因此，从技术角度强调了非能动式氢气复合器的优点并推动其应用，对核电厂的技术改造具有重要意义。⑥ 随着我国核电站运行的推进，一些技术人员开始考虑设施老化问题的应对。马谷剑等就认为，国内核电厂安全壳厂房多数为钢筋混凝土结构，会因设计缺陷、施工不当、暴露于侵蚀性环境等因素发生老化降质，从而损害构筑物

① 蒋建科：《谁来护航核电安全》，《人民日报》2017 年 6 月 19 日第 020 版。
② 魏仁杰：《核电与核电安全——三里岛和切尔诺贝利核电站事故研究》，《核动力工程》1987 年第 4 期。
③ 钱积惠、张森如：《论解决核电安全问题的途径》，《核动力工程》1991 年第 4 期。
④ 居玉鑫：《核电厂安全吗》，《科技进步与对策》1996 年第 4 期。
⑤ 马一：《纵深防御是核电厂安全的关键》，《中国核工业》1998 年第 2 期。
⑥ 王超、要巍：《核电厂严重事故下安全壳内消氢技术研究》，《科技视界》2016 年第 13 期。

的安全性和可靠性。建议制定主动的老化管理策略及相应的措施，以确保在整个电厂寿期内维持其功能，实现核安全屏障的完整性。① 滕磊等研究了核电厂退役监管问题，他们认为我国部分早期建设的研究堆等已处于退役状态，随着时间的推移，会面临日渐增多的核设施退役活动，建议建立核电厂退役的法规标准体系，确保核设施全寿期管理的最后环节安全推进。② 此外，开始有研究者从人因角度研究核电安全文化。任德曦等认为，由于核电事故源于人的失误和错误，而失误和错误的根源在于安全文化，所以应该建立核电安全文化体系。③ 接着大多数核电企业注重核电安全文化建设与实践。如钟英强认为核电安全文化建设是一系统工程，要从核电站硬件建设、软件建设和加强对"人"的管理等多方面才能实现。④ 李清堂从另一角度认为从理念、机制、行为三个方面构建核电安全文化这一系统工程。⑤ 也有相关政府职能部门人员从核电政府监管角度强调核电安全问题。宋瑞祥通过对秦山和大亚湾核电基地的调查认为，当时核安全监管工作内容主要有核安全许可证制度、核安全监督和对核事故的应急准备，指出监管机制存在体制不顺、经费缺乏、力量薄弱等问题并提出相应建议。⑥ 随着我国在核工业技术发展上的突飞猛进，"华龙一号"走出国门，我国已跨入核电强国之列。同时，核电安全也已成为关乎国家安全的重要课题，李伯钧认为，通过建设具有权威性的核电安全监管机构、培养核电安全监管人才、建立核电安全监管法制与落实安全监管信息反馈机制等方面，不断提高中国核电安全监管能力，

① 马谷剑、陈平福：《清核电厂安全壳的老化管理》，《核安全》2019 年第 1 期。
② 滕磊、王帅、彭婧：《浅谈我国核电厂退役安全监管现状》，《核安全》2020 年第 19 期。
③ 任德曦、胡泊：《关于建立核电安全文化体系的探讨》，《人类工效学》1997 年第 2 期。
④ 钱英强：《核电安全文化的三重构建之策》，《中国核工业》2012 年第 9 期。
⑤ 李清堂：《以核安全文化促核电建设》，《学习时报》2014 年 4 月 14 日第 8 版。
⑥ 宋瑞祥：《我国核电安全监督管理的现状与对策——对秦山、大亚湾核电站基地的调查》，《环境保护》1998 年第 11 期。

推进核电安全监管的现代化。① 总之，除了从技术角度强调安全以外，不断有从宏观监管、安全文化等制度和"人"的角度关注核电安全问题。

二　核电风险的公众接受度研究

随着核电站在中国的由无到有，人们也模模糊糊地知道了核电，但对其技术及风险还是不了解，发展核电作为国家战略，又因为国情特色，刚开始很少研究者关注公众认知和公众行为。通过以"核电"并"公众"主题词搜索文献较全的中国知网数据库，发现 21 世纪之前只有两篇，也只是从核电公司角度提出要做好公众宣传教育，使其了解支持核电发展。进入 21 世纪，中国核电发展提速，经济社会转型中一些社会矛盾凸显，尤其是 2011 年日本福岛核事故以后，公众对核电风险的认知越来越强，环保意识、维权意识、自我表达意识逐步提高，在这种情况下，公众核电接受度就成为核电可持续发展的关键。因此，越来越多的不同领域的专家学者开始关注核电的公众风险认知、公众接受性等问题，根据现有研究成果看，主要集中在以下几方面。

一是关于风险感知的初始研究。风险感知理论在国内开展的比较晚，起初都是宏观层面普遍意义上的介绍、应用。最初对风险感知的研究大多在经济领域，如消费风险感知等，井淼等对消费者购买行为中感知风险的含义、维度、测量模型以及动态变化过程等基本问题进行研究，并探讨了感知风险进一步的研究方向。② 随着对西方风险感知理论研究的深入，我国学者开始运用心理学等定量分析方法分析公众风险感知。如刘金平等对风险感知的研究方法及风险感知的影响因素进行研究，认为影响风险认知的因素有个体因素，个体对风险的期望水平、个体的风险知识结构、成就动机以及风险沟通、风险的可控

---

①　李伯钧：《中国核电安全监管能力及其现代化研究》，《科技与创新》2019 年第 19 期。

②　井淼、周颖、彭娟：《论消费者购买行为中的感知风险》，《消费经济》2005 年第 5 期。

程度、风险的性质、事件的风险程度等因素。① 李红锋对风险认知的
研究方法进行了综合梳理和评述，并指出未来风险认知的研究重点是
整合实在主义和建构主义，个体认知与社会认知会在交流和信任的研
究中结合起来。② 贾建民、李华强等对比分析了汶川地震后灾区和非
灾区居民风险感知的影响因素、心理健康状况及行为反应。③ 也有学
者对西方风险感知理论和方法进行梳理，如王锋对心理测量流派和文
化理论流派两个风险感知研究流派进行对比，认为二者融合是该领域
的研究趋势，风险感知研究也应当成为风险政策制定和风险管理的前
提和基础。④ 也有学者从风险认知的特征、内容等方面进行研究，李
景宜认为风险认知的内容包括风险知识、风险态度、风险行为三个方
面。⑤ 艾志强、沈元军探讨了科技风险的公众认知，认为公众与科技
专家、"专家—企业"共同体、政府等不同社会主体对科技风险的认
知程度和结果存在差异，差异的原因主要在于科学技术的不同、相关
主体在科技风险认知中各自的不同特点和利益目标。⑥ 陈海嵩以风险
认知为视角研究了公共决策的困境。⑦ 我国学者的研究成果丰富了风
险感知理论，也为我国公共决策、风险管理提供了政策建议，更为研
究特殊的核电风险公众认知奠定了基础。

　　二是核电风险公众接受度重要性研究。时振刚等通过梳理国外公

　　① 刘金平、周广亚、黄宏强：《风险认知的结构：因素及其研究方法》，《心理科学》
2006 年第 2 期。

　　② 李红锋：《风险认知研究方法述评》，《安庆师范学院学报》（社会科学版）2008 年
第 1 期。

　　③ 贾建民、李华强等：《汶川地震重灾区与非重灾区民众风险感知对比分析》，《管理
评论》2008 年第 12 期。

　　④ 王锋：《当代风险感知理论研究：流派、趋势与论争》，《北京航空航天大学学报》
（社会科学版）2013 年第 5 期。

　　⑤ 李景宜：《公众风险感知评价——以高校在校生为例》，《自然灾害学报》2005 年
第 6 期。

　　⑥ 艾志强、沈元军：《论科技风险相关社会主体间的认知差异、成因与规避》，《理论
导刊》2014 年第 4 期。

　　⑦ 陈海嵩：《风险社会中的公共决策困境———以风险认知为视角》，《社会科学管理
与评论》2010 年第 1 期。

众接受度对该国核电发展的直接影响和间接影响，提出公众核电接受性对核电政策的影响不容忽视。[①] 陆玮提出公众核电接受性关乎核能的生存与发展；朱文斌称居民核电接受度已成为许多国家核电发展所面临的最主要的问题之一；姚沛林等提出福岛核事故后的启示就是提高公众核电接受度是发展核电的必要工作；袁丰鑫等提出日本福岛事故后公众接受度降低，直接导致世界核电发展步伐的减缓，可见公众接受度的至关重要；[②] 李朝君等认为公众接受性不仅与核电安全目标互为影响，还会影响核电发展的政策、技术、经济性等问题；[③] 曾志伟等认为公众的"核态度"成为核电能否实现持续发展的关键影响因素。[④] 诸多研究成果表明，核电公众接受度是今后核电发展的关键因素已形成共识。

三是公众核电接受度影响因素研究。在强调公众核电接受度重要的同时，通过实证、调查等方式开展了对公众核电接受性（度）的分析研究，剖析影响公众核电接受度的因素。时振刚等认为公众的风险认知、风险决策与专家差异很大，之所以这样，除了在知识结构上的差异以外，个体偏好、风险特征、社会文化背景、可监督性和信任度等都会影响公众对待风险的态度。[⑤] 朱文斌等首先肯定了公众对利用核能的担心和影响是普遍存在的，还指出影响公众对核电接受度的因素比较复杂，包括核电特殊性、信息获取途径、对政府的信任、对核电的熟悉程度、可控制性的影响，还有个人的生活背景、世界观、价值观、性别、经济地位、职业等都会影响公众的核电接受度。[⑥] 宣

---

① 时振刚、张作义、薛澜等：《核电的公众接受性研究》，《中国软科学》2000 年第 8 期。

② 袁丰鑫、邹树梁：《后福岛时代核电的公众接受度分析》，《中国集体经济》2014 年第 4 期。

③ 李朝君、张春明、左嘉旭等：《核电安全目标与公众接受性》，《辐射防护通讯》2014 年第 3 期。

④ 曾志伟、蒋辉、张继艳：《后福岛时代我国核电可持续发展的公众接受度实证研究》，《南华大学学报》（社会科学版）2014 年第 1 期。

⑤ 时振刚、张作义、薛澜：《核能风险接受性研究》，《核科学与工程》2002 年第 9 期。

⑥ 朱文斌、张明、刘松华、孙福荣、李锦：《影响公众对核电接受度的因素分析》，《能源与电力工程》2010 年第 4 期。

志强等通过对秦山核电站周边居民核能态度的调查，认为影响公众对核电认知和态度的主要因素有性别、教育程度、核电站对周围环境和家庭的影响、当地政府处理突发事件的能力等方面。[①] 郭跃等认为影响公众核电接受度的因素有技术因素、个体因素（性别、年龄、教育背景等客观因素外，更多则是主观因素，包括对核能了解程度、对技术风险判断、技术信任、效益评估）、制度因素（政策过程开放度、信息公开度）等。[②] 田愉等认为核事故的影响、媒体报道的作用、时间的影响以及公众对核电站的熟悉了解程度都会影响其对核电风险的认知和接受度。[③] 杨波从核电风险传递和认知过程来分析影响核电风险传递和公众认知的因素，第一是第一手风险认知者，第二是公众对核电风险认知的心理反应，第三是团体、社会及文化的影响，第四是公众对核电风险和利益的评估，第五是解读公众对核电态度及采取的行动报道等。[④] 章群等研究得出的结论是：性别、年龄、文化程度和居住地是居民核电建设态度存在差异的主要因素。[⑤] 韩自强等认为人口统计变量、距离影响、风险和收益比较、社会阶层区别、核知识教育普及、核事故等是影响核能风险认知和接受度的因素，并认为核事故是影响公众核能态度的最大因素。[⑥] 公众核电接受度影响因素的确复杂，既有个体的因素，也有社会的因素；既有客观的因素，也有主观的因素；既有技术的因素，也有制度的因素；既有经济的因素，也有文化的因素。

[①] 宣志强、孙全富：《秦山核电站周围居民核能认知度调查》，《中国公共卫生》2012年第9期。

[②] 郭跃、汝鹏、苏竣：《科学家与公众对核能技术接受度的比较分析——以日本福岛核泄漏事故为例》，《科学学与科学技术管理》2012年第2期。

[③] 田愉、胡志强：《核事故、公众态度与风险沟通》，《自然辩证法研究》2012年第7期。

[④] 杨波：《公众核电风险的认知过程及对公众核电宣传的启示》，《核安全》2013年第1期。

[⑤] 章群、姚洁莉等：《浙江省三门湾宁波区域居民核能发展态度认知影响因素分析》，《中国预防医学杂志》2015年第6期。

[⑥] 韩自强、顾林生：《核能的公众接受度与影响因素分析》，《中国人口·资源与环境》2015年第6期。

　　四是提高公众核电接受度对策研究。公众核电接受度影响因素复杂，因此，提高公众接受度的对策研究就不好太具体，相关研究者也是从较宏观、中观的角度提出对策。如上面提到的文献中，时振刚等就认为要从全面调查、开展风险接受性理论研究、充分考虑公众特点的决策民主、加强沟通、引导公众参与监督等几方面提高公众接受性。朱文斌等提出采取加强宣传、研究公众认知规律、提高安全水平等措施提高公众接受度。周涛等则认为要严格满足条件进行前期选址和按照新标准进行设计核电站；要加强核电科普，着重宣传第三代核电技术先进性；要建立政府与企业协调宣传核电的体制机制；要把核电站建设与当地经济发展、惠民结合起来；要建立公众参观核电站模式；要组织居民参与核电厂的紧急演习等方面来提高公众对核电心理认知度。[1] 潘自强提出必须消除核素大规模释放、做好放射性废物处理处置、加强环境影响评价和重视公众沟通等工作减少公众的后顾之忧，提高核电的可接受性。[2] 陈润羊认为公众参与水平直接影响公众核能接受度，要构建有针对性的科普教育、依法保障公众参与、在信息公开基础上制定参与方案、构建核安全宣传体系、建立有效的参与机制等"五位一体"的公众参与体系提高公众参与水平，从而提高核能公众接受度。[3] 蔡立亚等梳理了国外提高核电公众接受度的途径，包括独立监察及透明度、咨询以及公众参与、全面沟通策略、社会与经济计划、跨区域合作、注重核电安全等，在此基础上，提出我国应从借鉴法国经验、加强科普宣传、研究公众风险认知规律、努力提高核电安全水平、提高核废料处置水平、加强核电企业形象建设等方面来提高公众核电接受度。[4]

---

　　① 周涛、段军、邹文重、汝小龙：《福岛核事故后增强中国公众对核电心理认知度的对策刍议》，《环境保护与循环经济》2011 年第 11 期。

　　② 潘自强：《如何提高核能可接受性》，《中国核工业》2012 年第 6 期。

　　③ 陈润羊：《公众参与机制推动核安全文化走向成熟》，《环境保护》2013 年第 5 期。

　　④ 蔡立亚、梁永明：《提高公众对核电接受度的对策研究》，《中国核科学技术进展报告》（第四卷），中国原子能出版社 2015 年版，第 35 页。

三   核电社会风险研究

社会问题是社会学研究的重要内容，因此往往核电事故后是社会学关注核电风险的小高潮。从上面的论述，我们知道，核电风险是一个复杂的、涉及技术、经济、社会、文化、心理等方面的综合性的社会问题，同时，又在全球进入风险社会的当下和中国经济社会快速深刻变革的大背景下，核电项目或者说核电引起的社会影响对社会带来的"不确定性"逐渐进入社会研究者的视野。纯粹从社会层面或者说社会风险的角度研究核电的成果在中国不多，大多聚焦在以下几个方面：

一是社会稳定风险方面的研究。对重大项目社会稳定风险评估源于因重大工程引起的群体性事件的影响，为了防范社会稳定风险，关口前移，重大项目开工前期要求开展社会稳定风险评估。核电项目作为投资大、建设周期长的重大项目，其社会稳定风险评估研究也逐渐得到重视。朱荣旭等开展了核电厂社会稳定风险分析研究，提出了针对核电厂特点而建立的稳定风险分析指标评价体系，从选址、建造、运营三个维度对核电厂整个过程的社会稳定风险进行评估，全程跟踪社会稳定风险，及时发现新的社会稳定风险隐患，不断调整完善相应的防范、化解措施和应急预案，更好地维护社会稳定。① 代声正、李小红认为核电项目社会稳定风险评估工作包括两部分：其一，核电项目业主单位组织要进行社会稳定风险分析，识别项目风险，编制核电项目社会稳定风险分析报告；其二，项目所在地人民政府或其有关部门组织要对核电项目社会稳定风险分析报告进行评审，编制社会稳定风险评估报告，出具核电项目社会稳定风险评估意见。② 谭爽、胡象

① 朱荣旭、赵锋：《核电厂社会稳定风险分析研究》，《中国核科学技术进展报告》（第五卷），中国原子能出版社 2017 年，第 55 页。

② 代声正、李小红：《核电项目社会稳定风险评估工作实践与建议》，《现代经济信息》2019 年第 8 期。

明编著《核电工程社会稳定风险预警机制研究》一书，提出从安全焦虑心理视角切入，构建一个包括从"信息管理平台"到"政策支持系统"的核电工程社会稳定风险预警机制。尹利民等认为由重大工程引起的移民问题是社会稳定风险的主要来源，通过某核电项目移民安置为例，提出利益分享和社会整合是防范社会稳定风险的核心。①

二是"邻避"方面的研究。邻避（Not In My Back Yard）是指居民或当地单位因担心建设项目（如垃圾场、核电厂、殡仪馆等邻避设施）对身体健康、环境质量和资产价值等带来诸多负面影响，从而激发人们的嫌恶情绪，滋生"不要建在我家后院"的心理以及采取的强烈和坚决的、有时高度情绪化的集体反对甚至抗争行为。② 张乐、童星通过对山东三地核电站周边居民的调查，认为人们对核设施有强烈的"邻避情结"，核电设施的健康威胁、风险的长期性和居民对核电站带来的收益判断等三个因素是影响居民"邻避情结"最为关键的要素。③ 高端喜结合三门核电站公众沟通工作，提出从通过加强公众科普掌握核电项目的话语权、加强社会责任管理、加强舆情管理三方面化解核电发展中的"邻避效应"。④ 郑小琴研究了涉核项目"邻避效应"的生成机理，认为社会情境中的燃烧物质是主要诱因、公众核风险认知结构是核心要素、群体事件中群体压力和效仿是导火线。提出核"邻避效应"的发生不仅与核邻避设施客观风险分配不均有关，而且与各利益主体风险感知的变化相关，是多元力量激烈交锋、演化、融合的结果。⑤

---

① 尹利民、全文婷：《利益分享与社会整合：社会稳定风险的防范——以 P 核电项目移民安置为例》，《南昌大学学报》（人文社会科学版）2014 年第 3 期。

② http://baike.baidu.com/link? url = WwzGSw2d2wXOEwkYOQrB-JllQ6Xp9SJvoVbNSVYll5fiJ3cOsGyEwnYHxXMI-FnXO1oMFHZK8DVmndL793mvNK，搜索时间：2015 年 11 月 8 日。

③ 张乐、童星：《公众的"核邻避情结"及其影响因素分析》，《社会学研究》2014 年第 1 期。

④ 高端喜：《如何化解核电"邻避效应"》，《中国核工业》2014 年第 10 期。

⑤ 郑小琴：《涉核项目"邻避效应"的生成机理及干预策略》，《东华理工大学学报》（社会科学版）2019 年第 3 期。

　　三是环境风险方面的研究。由于核电风险的"内生性风险"就包括"放射性物质泄漏造成环境污染的风险"。所以，对核电环境风险的研究相对比较早。方栋、李红对中国煤电和核电的环境风险进行比较，认为产生同样电量的煤电燃料循环对环境影响远大于核电。核燃料循环链不同于煤电，它包括铀235的富集、燃料元件制造及燃料后处理、放射性废物处理处置、核设施的退役等，除正常情况释放的放射性物质可能对环境产生某些影响之外，公众最关心的是事故和放射性废物最终处置带来的环境风险。① 乔桂银提出由于核废料处置的困难、核安全的"不确定性"，尤其切尔诺贝利和福岛事故教训，必须重新审视核电的安全性和环境风险。② 潘自强等从核电厂选址充分考虑包括地震、洪水、干旱等自然灾害影响，放射性污水贮存、封堵、处理、隔离措施的事故可预防和人口疏散等应急准备等方面论证了内陆核电环境风险的可控性。③

　　四是社会建构方面的研究。公众核电风险认知、接受度影响因素等方面的研究一定程度上推进了核电风险社会建构的思考。刘岩指出信息是风险社会放大的关键因素，认为风险的社会建构存在着社会放大效应。④ 文慧、聂伟认为现代风险的主要建构场域是大众传媒，通过对《人民日报》关于日本核泄漏事故报道的分析，认为《人民日报》建构出的是一幅弱化未来核电风险、独特的风险图景。⑤ 王刚、张霞飞认为核电具有"污名化"的特性，某种程度上说"污名化"的过程就是核电风险的放大过程，所带来的社会风险不仅增加了民众焦虑感，也加剧了社会冲突。他们以沿海核电为研究对象，提出沿海

---

① 方栋、李红：《中国煤电与核电的环境风险比较》，《辐射防护》1996年第4期。
② 乔桂银：《必须重视核能发电的安全和环境风险》，《未来与发展》2011年第10期。
③ 潘自强、赵成昆、陈晓秋、张爱玲：《我国内陆核电发展的环境风险可控性探析》，《环境保护》2014年第11期。
④ 刘岩：《风险的社会建构：过程机制与放大效应》，《天津社会科学》2010年第5期。
⑤ 文慧、聂伟：《大众传媒的核风险建构与反思——以〈人民日报〉日本核事故报道为例》，《新闻前哨》2011年第9期。

核电的社会风险尽管起源于核电的环境风险，但是在当前的社会传播机制中，已经扩大甚至偏离了其原来的环境风险范畴。建议基于"污名化"的发生机理，从剔除"污名化"的来源、移除"污名化"思维定式、管控引导"污名化"的信息传播等三方面进行"去污名化"。① 方芗提出要认识到核风险具有很强的社会建构性，应该重视社会及文化对大众核电风险意识的塑造，并认为在当今的中国核电发展已经不再是政策制定者和专家单独来决策和推动的，因为核电发展关乎环境和民生，大众会提出质疑和反对。② 谭爽、胡象明则以日本福岛核泄漏事故为例分析了风险社会放大的机制、表现及特点等，认为该事故风险放大效应波及中国，加剧了中国公众核风险焦虑，并提出重大工程项目避免风险放大效应的政策建议。③

四　核电风险其他研究

对于核电风险的研究，除了以上几个方面以外，还有学者、实践者从公众参与、风险沟通、企业风险管理、风险保险制度、哲学伦理等角度开展研究。下面简单梳理现有成果的大致观点：一是公众参与方面的研究。彭峰等认为把公众参与程序合理引入核电项目风险控制，既能够凭科学依据消除公众疑虑，也能充分听取民意，协调核电项目利益相关方利益，避免侵犯权利引起其他风险。④ 陈方强等认为中国核电公众参与度低、核知识匮乏，应提高公众参与度，才能顺利推进核电发展。⑤ 陈婷婷根据某核电站的调查数据分析了核电站公众

① 王刚、张霞飞：《风险的社会放大分析框架下沿海核电"去污名化"研究》，《中国行政管理》2017 年第 3 期。

② 方芗：《风险社会理论与广东核能发展的契机与困局》，《广东社会科学》2012 年第 6 期。

③ 谭爽、胡象明：《特殊重大工程项目的风险社会放大效应及启示——以日本福岛核泄漏事故为例》，《北京航空航天大学学报》（社会科学版）2012 年第 2 期。

④ 彭峰、翟晨阳：《核电复兴、风险控制与公众参与——彭泽核电项目争议之政策与法律思考》，《上海大学学报》（社会科学版）2014 年第 4 期。

⑤ 陈方强、王青松、王承智：《我国核电公众态度和参与现状及对策》，《能源研究与信息》2014 年第 1 期。

参与行为及其影响因素，认为除了人口学因素之外，环境知识是影响核电站公众参与的最重要因素。① 二是公众沟通方面的研究。贺桂珍、吕永龙提出核风险沟通是核突发事件预防、应对及恢复的关键要素，通过走访、调查问卷等实证研究方法分析得出中国核能决策由"政府、核企业、科研院所"组成的"铁三角"，公众所知信息少。提出明确沟通目的、了解目标公众关注点、通过不同渠道、沟通双方互相学习、提高制度绩效等方面加强风险沟通的政策建议。② 三是企业风险管理方面的研究。王晓辉等介绍了核电项目风险的含义和性质，讨论了风险识别、风险估计、风险评价、风险规划及风险控制等核电项目综合风险管理模型的五个阶段，加强完善核电项目风险管理。③ 刘巍等则研究了核电工程施工项目的质量风险过程，并提出针对不同风险特性建立相应的风险预警和评价模型。左惠强阐述了中国核共体承保核电险种涵盖了核电安全生产环节各个风险点，提出核保险是核风险管理的重要手段。徐涵、张志辉介绍了核电企业全面风险管理的内涵和内容。以上研究以核电企业从业人员为主，是相对比较零散、具体的风险管理。四是哲学伦理方面的研究。刘宽红认为核能发展是把"双刃剑"，核风险的破坏巨大深远，强调了加强民生安全文化建设的重要性，提出通过重塑核能发展的价值理性和道德理性来预防和规制核风险。④ 龚向前认为应从核电厂选址程序正当性来规制核电风险;⑤ 当然，也有专家质疑我国核电的"跨越式发展"。如徐振宇、陈凌云、李捷理认为由于片面强调采用更"安全"的新技术和建设

---

① 陈婷婷：《影响核电站公众参与行为的因素分析——基于 X 核电站的实证研究》，《生态经济》2015 年第 1 期。

② 贺桂珍、吕永龙：《新建核电站风险信息沟通实证研究》，《环境科学》2013 年第 3 期。

③ 王晓辉、徐元辉：《核电工程的项目风险管理》，《高技术通讯》2001 年第 9 期。

④ 刘宽红：《反思核风险，重视民生安全文化建设——关于核风险及其规避相关几个问题的哲学思考》，《自然辩证法研究》2011 年第 9 期。

⑤ 龚向前：《核电厂选址之程序正当性——基于风险社会视角》，《中国地质大学学报》（社会科学版）2011 年第 3 期。

大型核电站的倾向，但同时缺乏有效的核监管，因此，需要彻底反思中国核电的"跨越式"发展。①

第三节　简要评价

通过对国内外相关文献梳理可以看出，对核电风险的研究，正如它的内涵尤其是外延所承载的范围那样广泛，不仅研究者来自各个领域，研究视角也是面面俱到，研究成果更是林林总总，为本课题的研究提供了丰厚的基础，但也有研究的不足和薄弱地方，结合本课题的视角和研究目的，对以上文献作如下几方面的评述。

一　现有研究的范围

从以上文献来看，不管是国外研究还是国内研究，核电风险的研究范围非常广泛，涵盖科技伦理、技术哲学、技术社会学、经济学、政治学、传播学、管理学、工程学等学科。从学术上讲，科学技术、社会学两个领域是其研究重点。核电技术及其应用的自然属性就归属科学技术领域，因而最初最多的研究者大多从技术层面来研究核电风险。而随着技术与社会关系的日益紧密，社会科学领域对核电风险的研究也日益增多。这主要因为一方面在贝克风险社会理论提出的背景下，风险研究逐渐成为显学；另一方面，在"核争议"一直持续不休的情况下，作为人类核能和平利用最重要途径的核电技术，随着其在世界各国的发展应用尤其是几次重大核电站事故发生后，"核污名"裹挟着核电风险再次猛击人类，核电风险与人类社会的互动自然也成为焦点。从社会科学领域来讲，研究者多集中在公众的核电风险认知及态度方面的研究，并比较一致地认同核电风险控制不仅仅是技术的问题，核电风险公众认知影响因素复杂、核电风险社会影响广

---

① 徐振宇、陈凌云、李捷理：《对中国核电安全性的反思》，《经济研究参考》2013年第51期。

泛、核事故对公众风险态度影响最大等观点。相比较来讲，国外核电风险社会学研究宏观视野的较多，并涉及核电与政治、利益团体等关系内容。而国内从社会学角度研究涉及的比较具体，视角比较多样，这和国内的社会发展和核电发展阶段有关。

二　现有研究的方法

在风险的社会学分析中，对现代性和技术的研究是一个中心内容，这一分析提倡使用对称的、经验的和建构主义的方法。就目前研究情况来看，对风险的研究惯用技术路线的研究方法，对核电风险研究也是从单纯技术路线解释核电风险的发生概率以及规避风险的技术路径开始，逐步发展到管理学、社会学的实证研究方法、个案研究方法。从公众核电风险接受度来讲，也是从"心理测量"方式开始，有的研究者也做访谈等定性研究，但大多仍是在收集数据、分析数据的基础上给出相对定性的结论。因为核电风险的复杂性，或者说研究客观条件的制约，大多社会学视角研究核电风险都是采用个案研究、问卷调查，研究一定区域内的公众态度、风险认知，得出影响公众核电风险认知的个体特征因素和社会因素。

三　现有研究的趋向

从以上国内外研究现状来看，国内外专家学者也从技术学、哲学、管理学、政治学、传播学、社会学等学科对核安全、核风险的公众认知、风险沟通、风险管理等方面探讨规避风险的影响因素和相应举措，也用实证的方法剖析涉核事件发生的原因、过程、影响，但逐渐越来越关注核风险的社会层面的反应。现有研究的趋向有两个层面：一是越来越多社会学家、人类学家关注核电风险，开展公众核电风险认知的社会因素研究，诸如社会信任、媒介传播、文化等对核风险的塑造和影响。基于此，研究核电风险的社会过程或者说核电风险如何被社会建构以及如何加强核电风险的公众沟通等内容日渐成为本领域的显学。二是核电发展愈来愈与政治关系密切。因为在一个国家或地区发展中能源具有战略地位，而核电作为能源计划中的重要构成，要不要发展核电、如何发展核电、如何规避核电风险等核电决策与民众支持的关系日益复杂，核电风险事关核电政策，核电发展逐渐成为一个政治问题，尤其在西方有些国家核电政策甚至成为影响选票的条件。

四　现有研究的不足

纵观国内外社会科学领域研究核电风险的现状，从内容上看，要么是笼统地分析影响风险的社会因素，要么从个案、实证进行碎片化地研究核电风险的公众认知及其影响的人口学特征因素，要么从信息角度研究核电风险的传播与沟通等。对公众核电风险认知的社会因素多有研究，但仅限于通过调查、访谈得出影响因素内容，而没有进一步较为全面地分析这些社会因素是如何影响公众核电风险认知的；而对核电风险的社会建构方面在国外研究中几乎没有，国内涉及核电风险社会建构的也只是个别地谈到核电风险具有社会建构性，而至于如何建构、哪些主体参与建构以及如何互动建构等内容鲜有涉及。运用风险的社会放大分析框架也只是从运用和印证的角度来分析核风险和风险事件发生的社会放大过程，并且大多从该框架的两个阶段简单分析发生在别的国家的已经发生的核事故后放大站如何放大核风险的，并没有涉及放大站之间如何互动、放大站与当地文化、社会结构如何互动等共同作用导致风险事件放大的后果。从方法上看，个案、实证、定量研究比较多，国内的核电风险案例研究比较少，运用田野调查、深度访谈等定性研究的几乎没有，只有中山大学的方芗用民族志的调查方法从公众参与的角度研究了大埔县居民对核电风险的建构。总之，几乎没有学者从社会建构角度研究核电风险，更没有综合、系统梳理核电风险如何被所在地区域文化、制度、心理等方面以及不同群体所建构。

　　国内外研究成果为本研究提供了理论支持，如核电风险是有争议的社会、经济、技术和环境问题；公众核电风险感知影响其核能态度；风险收益比较、社会阶层、核事故等社会、文化因素影响人们核电风险认知等观点使本书研究核电风险的社会建构有了"合法来源"。而现有研究的不足也为确定本课题研究方向、研究内容提供了空间。核电技术进入社会，核电风险就与社会结下关系。一旦将技术嵌入社会结构，技术风险就有了社会建构的成分。一般来讲，在风险的社会过程阶段，应该更多地研究风险是如何被不同社会主体建构和被社会放大的，应以建构主义优先；而在风险已经发生的公共危机阶段，应该更多地研究相关风险管理机构如何进行应急管理和善后恢复，应以现实主义优先。本书正是从社会学的建构主义角度研究核电风险，在现有研究基础上，运用风险的社会放大分析框架理论分析核电风险建构过程，进一步分析研究影响公众核电风险认知的社会因素在中国主要有哪些？哪些社会建构主体、以什么样的方式建构着核电风险？公众对这些被建构的核电风险感知后产生什么样的反应？社会、文化的不同导致了怎样不同的社会建构模式？不同发展阶段的社会环境建构核电风险有什么不同？进而综合、系统梳理核电风险如何被所在地文化、制度、心理等方面以及不同群体建构，梳理中国核电风险建构特征、表现及主要建构因素，为避免核电项目引发的社会风险和实现核电风险治理提供借鉴，并拓宽丰富中国核电风险的研究领域和研究内容。

第四章　世界部分国家和地区核电风险的社会建构模式

在核电风险问题上，科学主义长期占据主导地位，对其安全性问题的解释上也是具有绝对的话语权，但从以上对技术与社会的融合、技术风险本身及其引起的社会风险和风险社会理论背景下核电技术的社会风险、核电风险的国内外研究现状的梳理来看，人们逐渐认识到核电技术中蕴含着科学与利益、政治的关系，核电风险具有社会建构性并且核电风险受社会因素的影响塑造。核电风险与核电技术、核电发展的结果事实、一国的核电政策等不无关系，互为因果，互为影响。本章就通过对世界上部分国家和地区核电发展现状、核电政策等核电发展概况的阐述以及核电发展过程的重要关节点的描述来分析背后的建构主体及建构因素，进而总结这些国家和地区核电风险社会建构的特点，为研究中国核电风险的社会建构提供参照。选取国家的依据是除了苏联以外，选取最早运营核电站的、核电占本国电力比重较大的、离中国比较近的拥有核电站的国家和地区。

第一节　美国核电风险的社会建构模式

美国是世界上最早发展核电的国家，是目前运行核电机组 30 个国家里面在运机组最多的国家，也是核能发电量最多的国家。国际原子能机构（IAEA）公布的 2019 年全球核电发展数据显示，2019 年全球核电发电量为2586.2TWh，美国核发电量达到809.4TWh，占全球核发电量的31%。美国公众与核电伴随共生的时间比其他国家要长，在这个过程中他们遭遇了核电风险的直接体验，对核电风险的担忧在持续，再加上美国自由多元文化的土壤，社会各界对核电风险的认知、表达更为自由，在其社会各方互动博弈下，核电在美国曾一度停摆30年。1979年发生在三里岛的核事故使人们对核电风险的体验更加强烈，也引起社会层面对核电风险的关注。可以说三里岛核事故在美国核电历程中是社会建构核电风险的重要关节点。因此，从对该事故的描述及发生后各方反应和应对来剖析美国核电风险的建构主体和特点。

一　美国核电发展概况

作为世界核动力开创者的美国，从1957年第一座核电站——西平港（The Shppingport）原型核电站投入运行以来，历经20世纪70年代的核电蓬勃发展和20世纪末一度停建、期间的退役、关停等，截止到2015年6月份，美国核电站情况如表表4-1所示。美国在运机组基本上都是建于20世纪七八十年代，或者说更早。在1978年，美国核监管委员会（NRC）暂停了新核电项目的审批，而核电建设的彻底冻结是在1979年，当年发生的三里岛核电站事故导致了美国核电的冰点状态。但已经运行的核电站发电量占全国发电量比重不断攀升，核电在美国能源中的地位愈加重要。1983年，美国首次核能发电量超过天然气发电，有76座反应堆；1984年，美国核电发电量超过水电，处于第二位仅次于煤电；从2009年以来，即使有美国公司总计提出31个核电站建设申请，NRC也没有审核批准一个。但原来审批过的在建项目和现有机组扩容审核一直在推进，2016年6月3日，美国田纳西流域管理局（TVA）瓦茨巴2号机组实现首次并网发电。有资料显示，美国2016—2020年间，核电装机总量仍增加5000兆瓦以上。2017年初，美国核能协会（NEI）首席执行官玛莉亚·柯斯尼克称，核管会已签发另外 7 座反应堆的建设和运行联合许可证，并正在评审另外 3 座反应堆的申请。美国将在 21 世纪 20 年代早期至中期部署的小型模块堆（SMR）将大幅提升核电厂的安全性。到 2018 年底，美国在运机组 98 台。2019 年，美国能源部长佩里也表示，美国将"重启"核电产业，使世界重新聚焦美国的核技术。2020 年，美国能源部提供 510 万美元支持开发先进核技术。

表 4 - 1　　　　　　　　　　　美国核电发展现状

核电发电量（2019 年）		在运机组（台）	在建核反应堆（2016 年 1 月）	拟建核反应堆（2016 年 1 月）			
TWh（太千瓦）	占总发电量百分比（%）		（台）	总装机（MW）	（台）	总装机（MW）
809.4	19.7	99	5	6218	5	6263

注：表中数据来源于世界核能协会。在运表示已经并网发电的机组；在建表示已经浇灌第一罐混凝土的机组；拟建表示有明确的计划或厂址建议的机组。

二　三里岛核电站事故过程及应对①

美国商业核电站历史上最恶劣的事故就是三里岛事故，虽然在本次事故中无人伤亡，但却震惊了全美，使美国核电发展一度笼罩在"污染"和"事故"之下，美国政府遭受了巨大压力。该事故也强化了公众对于核能安全的关注。

事件简单回顾。三里岛核电站位于美国宾夕法尼亚州道芬县萨斯奎哈纳河，由巴布科克和威尔科克斯公司建设，1974 年开始投入正式运行，1978 年又启动 2 号设备。1979 年 3 月 28 日凌晨 4 点左右，反应堆正在接近满功率运行，这时一台把汽轮机冷凝水送回去的给水

———————

①　根据盛文林编著的《人类历史上的核灾难》中《美国人的噩梦——三里岛核电站事故》整理。

泵发生了故障，汽轮发电机自动脱扣了，控制棒插入反应堆，反应堆功率下降，至此还没有发生什么事故。而三台备用给水泵本应该供应必要的给水，可是它们没反应。事后才知道一个通往蒸汽发生器的阀门被错误地关闭了，相关人员 8 分钟后才发现这个错误，打开了阀门，但蒸汽发生器已经烧干了。之后操作员一系列不当操作，放射性物质开始泄漏到外部，直到 2 小时 18 分后，这场人为失误与机械故障叠加的事故的事态才得到了控制，6 天以后，堆芯温度才开始下降，免除了氢爆炸的威胁，但反应堆最终陷于瘫痪。

社会各方反应及应对。早在 20 世纪 70 年代初期，美国政府就开始做核电厂的事故应急准备工作。1973 年，联邦应急总署（FEMA）的前身"应急准备办公室"要求美国原子能委员会为州和地方政府提供场外应急计划。按照计划，三里岛核电厂所在的宾夕法尼亚州应急管理机构（PEMA）就是领导场外应急计划制订和响应的机构。事件发生后到当天 7 时 30 分，电厂才通知州及郡政府。并且，核电站人员缺乏必要应急准备，抢险人员不断增加，达到约 2000 人，为控制堆芯温度、防止氢气爆炸昼夜应对；运营三里岛核电站的公司第一反应是宣布局势可控，30 日，爱迪生公司发电部副总裁赫本还一再强调，一切都在可控之中。但是核电站所在市市长办公室官员却向白宫报告，担心发生氢气爆炸；宾夕法尼亚州州长苦恼是否转移可能受影响的 60 万民众；美国核管会征求专家意见后，决定对公众采取预防性的安全撤离措施；时任美国总统派核管会一名官员代表前去事故现场。事件发生后美国媒体和国际媒体连日在头版头条报道三里岛事件，一些著名媒体开始用"恐怖"字眼，甚至称"情况会更加糟糕"；而整个核电厂附近的居民开始恐慌，当州长通告距核电站 8000米以内的孕妇和学龄前儿童需要避难的时候，周边城镇更是陷入一片混乱，各种谣言四起，人们内心充满绝望和焦躁，出现银行排队取款，超市抢购商品，加油站争先恐后。4 月 1 日，总统卡特偕夫人亲自到现场视察，指挥处理事故和调查事故原因。事故发生两周后，卡特总统组成了由达特茅斯学院院长约翰·卡梅尼任主席，成员包括来自大学、私有企业、工会和普通民众的代表组成的总统调查委员会，委员会调查发现，原子能企业过于强调核能安全的设备相关因素，对人的因素则关注不足。此外，原子能管理委员会制定的规制条例根本无法保证安全。

三　核电风险社会建构分析

美国是发展核电比较早的国家，从 20 世纪 70 年代至今，全球环境、经济发展形势以及美国自身发展阶段对于美国政府的核电态度影响比较大，需要是建构风险的动机。而建构过程中建构主体力量不一也影响着公众的核电风险感知，影响着核电风险态度和行为。

一是争论伊始。从核电技术诞生起，在美国围绕要不要发展核电就展开了旷日持久的全民大辩论，双方站在各自利益立场上，观点各具特色，也有纯粹站在中立的技术立场上的。20 世纪 60 年代到 70 年代是美国核电蓬勃发展时期，在 20 世纪 70 年代初，就有人针对这种情况担心起来，他们假定若干年后全世界所有国家都用核电的话，那么大约需要 "3000" 个 "核公园"，按每个核电站 8 个反应堆计算，遍布世界 24000 个反应堆，那是多么可怕的事情。他们认为任何微小的疏忽都会给邻国带来千百万年的毒害，谁能确保核电站的安全？另外，还有人担心核废料、热污染的问题。尽管争论从一开始就存在，也让一部分人关注并思考核电风险的存在，但由于核电的经济性及核电技术作为新技术应用的初始阶段，其风险在一定程度上被认为 "可控" 或 "暂放一边"，使得核电在美国从 20 世纪 70 年代到 90 年代都处于扩张期。

二是核事故对核电风险的建构突出。首先，是社会各层面风险直接体验加剧核电风险认知。核电尽管一度在美国快速发展，使人们忽略了其潜在风险，但三里岛核电事故的发生使人们切身体验到核电风险，这种风险体验增强了社会各方核电风险认知，美国民众对核电的信心备受打击，事件发生后的第三天，就有 2 万—5 万人聚集反对将要建设的核电厂和核废料存储厂。甚至到了 2012 年，人们对三里岛事故的阴影还挥之不去，在获知核管会批准新建两座核电站后，一些环保组织和民众强烈反对，住在弗格特勒核电站周围社区的居民更是反应强烈，认为自从 1987 年核电站建设以来当地人患癌的概率大大提升了。三里岛事故导致了美国人对核电的恐惧感，核电和核能在美国也成了一个备受批评和攻击的议题，甚至成了影响党派执政的砝码，如当时总统顾问多次提醒卡特："如果发表赞许核能的讲话，无异于政治自杀。"拥护核能、一度弱化核电风险的人士也闭口不谈了，美国 NRC 也迫于压力宣布暂停颁发新的核电站建造和运行许可证。其次，核事故加大了媒体、各团体等建构核电风险的力度。三里岛事故被媒介宣传以后，反核活动分子对核能更是大加鞭挞。自此，美国出现了亲核团体和反核团体的强烈辩论和对核电风险的建构。亲核团体具有低估核电风险的倾向，他们担心社会公众会因为核事故的惊恐而拒绝核电。他们为避免因增加控制核电风险措施而加大核电成本，因而夸张核电的优点，而遮蔽核电的缺点；反核人士借机夸张低度辐射的危害，夸张核电事故的严重性，因而对未来一切核能发展计划都持否定态度。再次，核事故的间接风险体验对人们风险认知的"再强化"。1986 年苏联发生切尔诺贝利核事故后，美国民众反对核电存在的呼声再次高涨，如果说三里岛事故减缓了美国核电建设的步伐，切尔诺贝利事故的影响使得美国核管会决心不再批准新的核电站建设。2011 年日本福岛核事故后，美国公众的核电支持度大幅降低，跌到了 43%，比 1979 年"三里岛事件"之后的支持率还要低。①

　　三是官方推动对核电风险的弱化。一些核电反对者们认为，没有政府的优惠政策，核电本身是难以生存的。由于能源压力等影响，美国核电政策一定程度上"弱化"核电风险，促进核电发展。1981 年，

---

① 王妍慧、郭晓兵：《福岛核事故阴影下的美国核电》，《世界知识》2011 年第 11 期。

里根总统发表关于核能政策的声明，要求简化核能审批程序、加大研究力度，恢复核动力发展元气。进入 21 世纪，新的核电反应堆建设开始逐渐升温。2001 年，时任美国副总统的理查德·布鲁斯·切尼牵头的国家能源政策发展小组发布报告，建议扩大核能利用；2002 年，美国能源部启动核电 2010 年计划，旨在为新建核电站铺路，扫清障碍；2003 年，就有 3 家公用事业公司与能源部合作共同承担建造核电站成本并向 NRC 申请建造反应堆地址的批准；2004 年，能源部又与两家工业集团合作，向 NRC 申请核电反应堆的建造和运行许可证；2005 年，国会通过《能源政策法》，建议向负责筹建六个核电站的电力公司提供联邦担保贷款，降低电力公司建设核电站的成本。在 2007 年至 2009 年间，重建核反应堆设备制造业已经开始复苏，其间获得生产核电设备许可证的美国公司就增加了 1/4。奥巴马政府和布什政府在核能政策上保持了连贯性，奥巴马一上台就呼吁发展核能，2012 年 2 月 9 日，美国核能监管委员会（NRC）正式批准南方电力公司建造并运营两座新的核反应堆，至此，由于 1979 年核电事故带给美国社会各层对核电的担忧在现实面前"解构"了，长达 34 年的核电建设"冻结令"消融，核电建设重新启动。核能是美国清洁能源的主力军，之后，更是通过一系列倡议草案，推动核能发展，确保美国在核能领域的重要地位。2013 年 7 月，美国能源部和核管会发布《先进反应堆技术授权基本框架联合倡议》。2015 年，美国核管会与能源部共同主办了一系列先进核反应堆设计坊。2016 年 4 月，核管会发布了《先进非轻水堆设计标准草案》。2016 年，美国能源部发布了《先进堆开发与部署愿景和战略》草案，表达了能源部加速部署先进堆的愿景。2020 年 5 月 14 日，美国能源部启动了"先进反应堆示范计划"，计划建造两个先进示范反应堆，未来 5—7 年内投入使用。

四是其他社会因素对核电风险的塑造。首先，新闻媒体的建构。媒体对风险信息的传播对社会各界产生的塑造作用比较明显，毕竟，新闻媒体是人们获取认知知识的重要渠道。日本福岛核事故发生后，美国电视台的新闻频道屏幕充斥着爆炸、起火、冒烟的镜头，这些冲击力极强的画面再度强化和塑造美国公众对核电安全的认知。《纽约时报》发表文章《反思核电正当其时》，认为核电站的危险简直比另一场世界大战还可怕，并明确表态"建得越少，我们就越安全"。普林斯顿大学的核物理专家冯·希普尔则称，在美国同样可能发生类似日本福岛核事故的灾难，因此加强核管会的监管力度成为必需。[1] 新闻媒体在塑造人们认知方面的力量再次显现。其次，其他显性风险对核电潜在风险的弱化。人们对核电主要担忧核泄漏和废料的处置，而这些都是概率性事件和多少年以后的风险，因此，发生在眼前的风险在一定程度上会促进人们心理上对未来风险的弱化。2010 年 4 月初和 4 月末，美国发生了严重的矿难事件和石油钻井平台爆炸起火事件，两起事故共有 40 人丧生，这种显性的、已经发生的灾难暂时削弱了人们对核电风险的认知。[2] 再次，制度、时间等因素对核电风险的影响。核电风险的社会过程自然受到该国核电管理制度的影响，美国除了加大对先进核能技术研发支持确保核电技术领先全球以外，对运行核电站的监管制度也是坚持高标准、严管理。进入 21 世纪以后，美国核管会（NRC）就修订了商业核电站检查、评价和执法大纲，保障核电站安全运行。自从三里岛核事故以后，美国核电站保持了 30 多年的安全运行记录，良好的安全记录提升了美国公众对核电安全的信心，据比斯孔蒂研究公司（Bisconti Research）和 GfK Roper 公司在 2012 年 2 月和 9 月做的电话民意调查显示，受访者认为美国核电站安全工作出色的占总调查人数的比重分别是 74% 和 76%。[3] 此外，核事故的影响随着时间的流逝也逐渐减弱和范围缩小，再加上从 1981 年开始，美国核工业界就开始加强对公众进行能源和核动力方面的教育；现实中生产生活对能源的需求等方面的因素都在塑造着人们对核

---

① 王妍慧、郭晓兵：《福岛核事故阴影下的美国核电》，《世界知识》2011 年第 11 期。
② 王海霞：《美国频频出招为核电》，《中国能源报》2010 年 5 月 31 日第 15 版。
③ 伍浩松译：《美国公众的核电支持率在逐步回升》，《国外核新闻》2012 年第 11 期。

电风险的认知。上述两公司的民意调查也显示 2 月和 9 月的两次调查美国公众核电支持率分别是 64% 和 65%。

四　小结

核电风险的社会建构或者说核电风险的社会过程与该国的社会结构、政治体系密切相关。美国的社会结构和政治体系属于精英式的构成，社会分为精英阶层和草根阶层，两个阶层之间最重要的桥梁是新闻媒体，新闻媒体在美国从理论上讲是一个独立的社会体系。精英式的政治体系决定了对某项技术推动、建构的有力主体是政府或者说官方，但由于自成一体的新闻媒体及其能够代言草根阶层的空间也比较大，还有美国多元、开放、自由的文化氛围，使得除了精英阶层以外的其他阶层在发展应用核技术问题上也能够广泛发声，并且官方要作出反应，正如美国核学会驻华盛顿代表约翰·格雷厄姆曾在谈到"美国核电发展为什么不如法国"时说到，美国的政治体制设计的初衷就是防止权力过分集中，这种政治体制就要求政治家直接对舆论作出反应。所以，在美国建构塑造核电风险的各主体力量之间最终是一种相对均衡的状态，或者称为均衡式的社会建构模式。

第二节　法国核电风险的社会建构模式

法国是全球所有核电国家中发电量占本国总发电量比重最多的国家，是在运核电机组数量全球排第二的国家，也是世界上核电最受欢迎的国家，更是核电运行 40 多年没有出现较大核事故的国家。与反核电运动盛行的德国为邻，法国核电却一直稳步发展，法国公众没有核电风险的直接体验，对核电的接受与认同的比例也颇高。由于核电技术本身的风险局限，其他国家公众核电风险接受度普遍不高，而法国公众对核电的支持度一直都比较高，这也是其他发展核电的国家对法国核电发展关注的原因，而公众对核电支持度取决于其对核电风险的认知，法国公众核电风险认知过程必然是法国社会各因素加工建构的过程。

一 法国核电发展现状

法国和美国一样，也是属于核电发展比较早的国家。法国的核电发展开始于 20 世纪 50 年代，1956 年建成自己的第一台核电站，在此基础上，把开发天然铀石墨气冷堆作为早期核电技术路线，到了 20 世纪 70 年代，法国石墨气冷堆技术已经相对成熟并建成了 6 台具有自己知识产权的核电机组，但这种技术容量小，缺乏规模效应，法国决定放弃自己的"成熟技术"，1958 年开始从美国购买压水堆技术并在此基础上改进创新和国产化，第一台压水堆技术的核电站在 1962 年开工，1967 年投入运行。自从 20 世纪 70 年代发生石油禁运危机之后，法国就确定了大力发展核电的政策，之后到 20 世纪 80 年代是法国核电快速发展的时期，到 20 世纪 80 年代末法国核电在运机组就达到了 50 座，2014 年核能发电量占全国发电量的 76.9%，居世界第一，并在之后一直保持核电占本国总发电量比重第一的位置。2018 年，法国在运核电机组 58 台，装机容量 63.2GWe。2019 年核电发电量是 379.5TWh，占本国总发电量的 70.60%，如图 4 - 1 所示。目前法国拥有 58 个核反应堆，都由法国政府拥有 85% 股权的全球最大电力公司 EdF 运营。法国反应堆的平均年龄现在为 30 多年，几乎所有 900MWe 级机组将在 2025 年之前达到已获许可的 40 年运行寿期。EdF 计划投资约 500 亿欧元升级改造这些机组使其延寿至 40 年以上。法国的核燃料后处理技术在世界上排第一，每年 17% 的电力生产来自于再循环核燃料。但法国拟调整能源计划，2015 年时任奥朗德政府颁布能源转型政策，计划到 2025 年将核能发电量占比份额 75% 降至 50%，2017 年后任政府考虑推迟实现削减核电目标。① 而 2020 年，法国核能协会（SFEN）

---

① 王树、伍浩松：《法国考虑推迟实现削减核电目标》，《国外核新闻》2017 年第 12 期。

发表的一份意见书中显示，法国要启动建设新核反应堆的计划，认为在新冠病毒冲击中复苏经济，核工业动员起来，在法国建造 6 座新的 EPR 反应堆将对该国经济进行"有效刺激"。

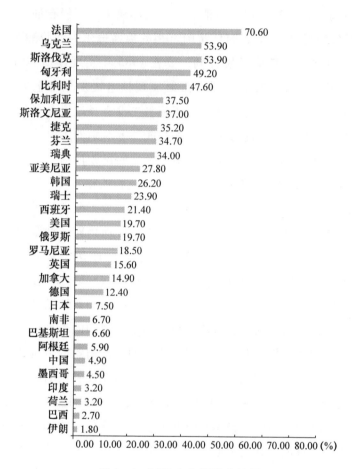

图 4-1　2019 年各国核电份额

二　法国核电风险社会建构分析

法国公众对核电风险的认知必然受其现实国情、民族文化等因素的影响。在法国核电发展过程中，法国核电管理体制方式、民族情结等特有文化、能源现实等因素建构了核电风险，塑造了核电风险的社会认知。

一是国情现实及文化对风险认知的"嵌入"。能源匮乏的现实、追求能源独立的民族情结以及工程师文化这些法国历史因素"嵌入"法国公众对核电风险的认知，影响着公众对核电是否支持的选择。由于法国能源资源短缺，煤、石油、天然气都缺乏，依赖石油进口，在1973年爆发石油危机后，时任法国首相的梅斯梅尔为摆脱能源依赖、寻求能源独立提出核能发展计划，要在1985年实现建造80座核电站、2000年建造170座核电站，最终实现核电提供全部电力、国家能源独立的目标。尽管这一计划的实施事先没有经过议会和公众的辩论，但由于它是为实现能源独立、摆脱能源上对别的国家依赖，被描述为国家的复兴，激起了法国民众追求独立的民族情结，自然也接受了这一开启核电发展的宏伟计划。正如赫克特所说："一个光辉荣耀的法兰西形象，反复出现在工程师、管理者、劳工激进分子、新闻记者和地方当选官员的高谈阔论中。这些人积极地培养一种观念，即民族的光辉将从高超的技术才能中散发出来。"① 政治体系上，法国也是一个中央权力集中的国家，由技术精英们掌权。因此，在法国，科学家和工程师享有很高的社会地位，成为工程师和科学家是大多社会精英的选择，法国民众自然形成对科学家、工程师的崇拜信赖，这就是法国的工程师文化。对技术、对工程师的崇拜信赖的传统使得法国公众相信科学家研发的核电技术，相信工程师能控制核电风险。

二是特色核电管理制度增强安全感。法国一体化的核电运作模式、国家垄断经营体制、技术标准化制度、重视信息透明的监管制度等特色核电管理制度在约束政府监管部门、核电企业行为、增进核电安全的同时，也把相应的内在价值传递给社会公众，增强公众核电安全感，安全感提升相对的就是核电风险感知的"衰减"。首先，职责明确完备的监管体制保障了法国核电安全发展。在20世纪60年代，负责制定核安全原则、监督核设施安全运行的法国核管理局成立，实

---

① ［美］斯科特·L.蒙哥马利：《法国为什么对核电站情有独钟?》，《中国机电工业》2012年第10期。

现了核电站运营和安全监管职能的分离。由于核电发电量的增长，核废料也不断堆积，为有效处理核废料问题，法国又于1991年成立了放射性废物管理局，负责对放射性废弃物的长期管理。法国还根据核电发展情况，不断调整核电监管制度和职能。2002年，又组建了法国核安全与辐射防护总局；2006年，通过修订法律，依法设置了独立的国家核能安全局（ASN），其领导由总统和议会独立任命，负责对全国11个大区的核安全监管工作。法国形成的一系列独立于运营系统的安全监管体系，不仅为法国核电安全发展提供了保障，还随时将监管情况通报给社会公众，在公众心目中树立起负责任的形象。其次，技术标准化和一体化的运行模式提高了法国核电的安全水平。法国58台核电机组都是同一技术，并由一家公司垄断运营，这既有利于管理，又有利于设计和建造环节之间的沟通，安全系数和效率大大提高。目前，法国政府就授权法国电力公司作为58台机组唯一的运营商、业主和总体工程管理单位，这种技术标准化和一体化的核电工程管理模式在实际运作中确实提高了核电的安全性，40多年的安全运行记录降低了社会公众对核电风险的认知。再次，透明的信息机制和公众参与机制增强了公众对核电的接受性。在核电发展起步之初，法国就注重建立以信息透明为基础的核电管理体制和公众沟通机制。1974年，梅斯梅尔总统发布发展核能计划的同一年，4000名法国科学家联名向政府提交了一份建议成立一个独立于政府之外的核能信息传播机构的请愿书，以确保为公众提供真实和透明的信息。这个信息传播机构称为"核能信息科学家联盟"（简称GSIEN）。该机构在三里岛核事故和切尔诺贝利核事故中，坚持通过各种渠道尽可能地独立、公开、透明地报道核事故的进展情况，给公众充分讲解核安全的相关知识，提高了公众对核电的了解，也赢得了公众的信任。20世纪70年代末，法国还建立了地区信息委员会（Local Information Commission），负责核安全的信息跟踪和咨询，并要求核电站向委员会提供相关信息。委员会由当地政治家、环保协会、地方政府人员等知名人物担任委员，每年要编制核安全信息报告并向公众公开。此外，核安全管理局也有公开核安全信息的职责，随时向公众通报监管情况和突发事件的相关信息，每年要发表长达 400 多页的报告向社会各界通报情况，释疑解惑，并建立与新闻媒体、公众沟通机制。除了政府监管部门将核信息透明公开之外，唯一的核电运营公司——法国电力公司也投入巨资开展公众沟通，并邀请公众实地参观。公众有效参与相关核电发展、安全监管等决策并随时能够了解到想要了解的核电信息，消弭了社会公众与核电的距离，提升了公众对核电的支持度。

三是信任对核电风险认知的"弱化"。信任是弱化风险认知的重要影响因素，法国传统上社会民众对技术精英的信任、长期核电安全运行培养的信任等一定程度上弱化了核电风险。通常情况下，风险体验会增加人们的风险感知，但如果有了信任，会消解核事故的建构强度。比如，1986 年发生在苏联的切尔诺贝利核事故，极大影响了西欧国家的人们对核动力的态度，许多欧洲国家反核动力的情绪愈加高涨，而法国人谈起这场核事故，不像其他国家的人归咎于核技术，而是倾向归咎于俄罗斯人，认为俄罗斯人胜任不了这项任务，法国工程师就能完全胜任。[①] 2011 年 3 月日本福岛核事故以后，大多数国家的公众"谈核色变"，对核电安全表示担忧，德国更是掀起浩大的反核运动，要求立即停止核电站的使用。而法国《世界报》征集读者信息，几个代表性的发言大多开头都是"我的家距离某某核电站只有几公里之遥"，"距离最短的只有 300 米，长一点的一般也不会超过 50公里"。也有的读者说自己一直与核电站为邻，还有读者说今天在法国几乎很少有居民周围 200 公里内没有核电站的。[②] 一派与核电站相处融融的景象，福岛核泄漏危机并没有动摇法国公众对核电的支持。根据法国《费加罗报》对 10789 人进行的调查结果来看，其中仍有

① ［美］斯科特·L. 蒙哥马利：《法国为什么对核电站情有独钟？》，《中国机电工业》2012 年第 10 期。

② 肖梦：《法国核电启示录》，《今日国土》2011 年第 3 期。

74.25% 的人选择继续利用核电。之所以这样，长期建立的信任起到了重要的作用。此外，也有利益的影响，核电站对周边居民也会采取提供工作岗位、捐建基础设施等措施消解公众对核电的反感情绪，弱化公众对核电风险的认知。

三 小结

风险毕竟是"不确定性的危险"，是潜在、没有发生的。人们认知风险规模大小和对风险接受程度，不仅受到自身知识、经历、价值和情感的影响，也受到社会组织、历史文化、制度规范等的影响。法国公众对核电风险认知和接受很大程度上受社会因素的影响。作为崇尚自由、崇拜技术、认同精英传统文化影响下的法国公众又生活在权力相对集中的国度，对精英统治者推动的战略本身就有比较认同的倾向。同时，作为能源缺乏的国家，统治者为实现能源独立启动发展核能技术，必然为其顺利发展核电建立一套制度体系和行为规范，并把自己的价值判断"嵌入"其中，一方面通过管理确保核电技术安全，宣传核电安全，弱化核电风险；另一方面通过让公众参与其中，拉近公众与核电的距离，营造让公众接受核电的社会氛围。这些元素的结合唤起的人们主观体验和心理影像都是核电的安全性，而不是令人担忧恐惧的核电风险性。因此，法国核电风险的社会建构是一种"政企合作＋沟通"的弱化核电风险的模式。

第三节　日本核电风险社会建构模式

日本作为世界上唯一受过核武器攻击过的国家，民众对"核"的恐惧情结一直挥之不去，本能地对有关"核"的一切都比较敏感。日本又是自然资源匮乏、处在地震带上的国家，发展核能被当局作为解决能源问题的重要手段，决策之初就一直遭到国民的反对，日本核电机组就是在民众的反核电声中不断增加，日本不到

38 万平方公里的国土上曾一度密集分布着 55 台核电机组，核能发电量占全国总发电量的比重不断加大。日本民众对核电风险的恐惧一直都在，不断发生的核事故也在不断印证公众的担忧，2011 年更是发生了 7 级的核泄漏事件，以及随着事故发生不断暴露出的核电管理问题、利益团体问题也大大降低了日本公众对政府、核电企业的信任感，这些因素更增加了人们的核电风险认知，加剧了人们对核电的愤怒。本部分从日本核电发展过程中出现的核电事故尤其是福岛核泄漏事故、核电管理问题、核电企业诚信等方面来梳理日本对核电风险的社会建构。

一　日本核电发展现状

第二次世界大战后，日本迅速成长为经济大国和能源消费大国，而日本属于太平洋远东列岛国家，能源资源匮乏，为确保经济发展所必需的能源供应，从 20 世纪 50 年代，日本就决定大力发展核能，实行能源多元化战略。1954 年，启动以核电为主的民用核能开发技术的研究，20 世纪 50 年代末，从英国引进气冷堆核电技术，并于 1966 建成第一座核电站正式投入运营，1970 年又引进美国西屋公司轻水堆技术，并在此基础上进行开发研究。至此，日本核电规模迅猛增长，20 世纪 70 年代的石油危机后，日本更是青睐发展核电。在 1981 年底，投入运行的核电机组就达到 25 台，发电量占国家总发电量的 15.5%。到 1987 年，核电发电量比重达到 31.7%，超过石油、天然气、煤等传统能源的发电量。1990 年，运行的核电机组达到 38 台，1994 年，有 46 台核电机组在运行，到 1998 年，日本共建成核电站 51 座，发电量占全国总发电量的 37%，2005 年年底，日本已建成并投入运行的核动力反应堆达到 54 座，日本已经成为继美国、法国之后的第三大核能发电国家。2011 年福岛核事故之前，日本这个全球地震最活跃的国家共有 55 台核电机组在运行，拥有全球约 1/10 的核电站。之后，大多数机组停运，2012 年核电发电量只占总发电量的 1.7%，创 1975 年以来核电发电比重新低，从 2012 年 5 月 5 日起，随着北海道电力公司的 3 号机组停堆检修，日本进入核电机组"零运行"状态。根据世界核协会网站相关数据统计整理 2014 年日本核电情况如表 4 - 2 所示，2015 年 8 月，九州电力公司重启反应堆申请获批，标志着日本核电站重启，结束了近两年的"零核电"状态。

表 4 - 2　　　　　　　　　2014 年日本核电情况

核电发电量（2014 年）		在运机组（台）	在建机组（台）	计划中机组（台）	拟建机组（台）
TWh（太千瓦）	占总发电量百分比（%）				
0	0	43	3	9	3

注：以上数据根据《国外核新闻》和国际产业网整理。

尽管在争议中日本重启了核电，但也是步履维艰。到 2017 年核电占比仅为 2%。截至 2018 年 9 月底，虽然有 15 台机组通过了原子力规制委员会（NRA）的安全评审，但仅有 8 台机组实现了重启运行。[1] 2019 年日本核能发电量 65.6TWh，占日本总发电量的 7.5%，日本原子工业论坛（JAIF）声明称，截至 2020 年 3 月，2019 财年日本核电厂容量因子为 20.6%，较 2018 财年的 19.3% 略有提高。其间，日本 34 台可运行机组中，仅有 9 台在运，均为压水堆机组。[2] 日本的能源基本计划曾提出，到 2030 年使核电占全部电源的比率达到 20%—22%。目前看来，实现的难度还很大。2020 年 11 月，女川核电站 2 号机组宫城县知事村井嘉浩认为，日本东北电力公司女川核电站具有优良的电力稳定供给性，也有助于

---

[1]　伍浩松：《日本核电产业发展前景》，《国外核新闻》2018 年第 10 期。
[2]　北极星核电网讯（http://news.bjx.com.cn/html/20200430/1068670.shtml），2020 年 4 月 30 日。

地区经济的发展，表示同意重启女川核电站 2 号机组。

二　日本核电风险社会建构分析

日本核电自 20 世纪 70 年代起一路高歌，突飞猛进，到 20 世纪末共建成核电站 51 座，核能发电已占全国总发电量的 37%，跻身为世界第三核电大国。但 90 年代以来核电站屡次发生事故，加剧了本身就对"核"恐惧的民众的担忧，福岛事故更是暴露了核电管理、核电企业等自身存在的问题，公众对核电失去了信心，而日本政府在公众反对声中选择重启核电，这一系列社会因素影响着公众的核电风险认知，建构着日本核电的风险。

一是核电事故验证公众核电风险担忧。曾经受到事故直接伤害的人对一切有可能再次引发类似事故的风险更加担忧，对有可能波及的更大空间领域的其他人也会感到威胁，尤其是像核电事故造成的伤害是潜在的、不易辨识的，更能引起较大的社会恐慌。首先，核弹爆炸带来的核恐惧心理影响颇深。日本广岛、长崎曾在 1945 年遭到原子弹轰炸，日本人亲身体验了核弹的威力和危害，在原子弹的巨大阴影下，人们遭受对核辐射心理恐惧的日夜折磨，并影响持久，这种灾难使日本人民滋生反核意识，对核乃至对核电产生恐惧心理。其次，频发的核电事故屡屡验证人们对核电风险的担忧。原子弹核武器本来与核电站不是一回事，但受过核爆炸影响的人们会自然地把二者联系起来。因此，从一开始发展核电，日本民众就反对，担心核电风险，反核呼声一直存在，但日本当局为了缓解能源压力，实现能源多元化战略，支持开发研究核能和平利用，快速发展核电。在大力发展核电的同时却并没有实现核电站的安全运行，日本核电站曾在 20 世纪末和 21 世纪初就频频发生事故，根据《国外核新闻》文献资料的不完全统计，在 2010 年之前发生的核事故就达 9 次（见表 4 - 3）。每次事故都能唤起公众对核电风险的担忧恐惧心理，激起一波又一波的反核运动。再次，福岛重大核事故引致"海啸"式社会反应。2011 年 3 月

表 4-3　　　　　　　2010 年之前日本核事故粗略汇总

时间	事故核电站	事故表现	后果及社会反应
1991 年 2 月 9 日	美滨核电厂 2 号堆	蒸汽器管子出现裂缝，自动停堆	反核运动高涨，要求关闭全部反应堆
1995 年 12 月	"文殊"号高速增殖反应堆	钠泄露和火灾事故	环保人士反对，引起诉讼，重启几度搁浅
1997 年 3 月 11 日	海村核废物处理设施	火灾和爆炸，放射性泄漏	37 人受伤
1999 年 9 月 30 日	东海村核燃料厂	超临界事故，核泄漏	2 人死亡，附近居民避难
2001 年 11 月 7 日	滨冈核电厂 1 号机组	管道破裂导致核泄漏	政府开展事故原因调查
2002 年 2 月 9 日	女川核电厂	发生火灾	2 人轻微辐射照射并烧伤
2004 年 8 月 9 日	美滨核电厂 3 号机组	管道破损，蒸汽泄漏	4 死 7 伤，最惨重的事故
2005 年 4 月 2 日	岛根 2 号机组	蒸汽泄漏	
2007 年 7 月 16 日	柏崎刈羽核电站	地震触发，自动停堆	公众关注，企业瞒报更引发不满

发生的福岛核事故按照国际核事件分级表最终被定为最高级 7 级。3
月 11 日，作为世界上规模最大的福岛核电站第一核电站由于近海发
生 9.0 级地震而自动停止运作，之后出现微量核泄漏、连续氢气爆
炸，不断升级，大量放射物泄漏，污染面积扩散，这次天灾加人祸的
福岛特大核泄漏事故，不仅再次加大公众对建造核电站的质疑，反核
游行规模空前，持续不断，也使全球都陷入"核辐射焦虑"状态。
福岛核事故后的半年，日本民众举行了反对核电、摆脱核电、废止核
电的最大规模的游行示威，有 6 万民众上街，要求日本政府正视核能
发电的危害，维护民众健康。认为只要有核电站在，人们就得惶恐过
活。宁愿节能，也不愿要核电站，福岛核事故重创民众"核敏感"
心理，放大了公众的核电风险认知。据日本原子能委员会于当年 9 月
27 日征求国民意见中，有 98% 的人表示应该摆脱核电威胁，在关于
核电站的 4500 条意见中，有 46% 的人主张立即废除核电站，31% 的

人主张阶段性废除。① 核泄漏事故还引发了东京抢购瓶装水、南相马市市民大逃亡等社会风险以及日本民众的其他社会心理反应。此外，日本福岛核事故引起世界轩然大波，周边一些国家和地区的民众也陷入核辐射恐慌之中，更引起一些国家"废核"、放慢核电发展等核电政策的调整。即使福岛核事故过去五年以后，日本民众对核电的态度仍然是非常消极，《朝日新闻》2016 年进行的民调显示，57% 的受访者反对重启现有核电站，73% 的人支持逐步淘汰核能，14% 的人支持立即关闭所有核电站。②

二是核电管理问题放大核电风险。日本民众对于客观存在的核电风险在当局推动核电发展的现实面前只能选择"无奈地接受"，但人们还是期望通过政府核电监管部门严格管理来控制或降低核电风险，以及核事故发生后及时应对确保公众安全，但上述核电事故频发及事后的应对一定程度上暴露出政府相关监管部门安全监管不力和应对能力不足，这种期望与现实之间的差距影射在公众心上，加大了对核电风险的恐惧。首先，核电管理体制的弊端弱化监管能力，加剧公众对核电风险的担忧。在日本，核电站监管机构主要是原子能安全保安院和原子能安全委员会，但二者的职责权限划分并不清楚，貌似独立的原子能安全保安院只是经济产业省资源能源厅的一个下属机构，不仅不具有独立地位，还与上级部门和监管对象电力公司有着千丝万缕的联系，在实际监管中难以发挥应有作用。而且"国策民营"二元核电管理体制很难确保公共安全，政府主要负责规划、制定政策和监督管理，而核电站的经营管理主要由民营企业负责。在这种体制下，以追求经济利益为导向的企业一定程度上倾向扩大核电规模，忽视核电风险；而政府为了能源供应，也倾向发展核电，二者在此有"共谋"的基础，会形成政府规划力主发展核电，企业产生巨大收益，并且存

---

① 蓝建：《日本全民反思核电政策》，《共产党员》2012 年第 4 期。

② 《福岛核事故 6 周年：日本对核电失去信心了吗？》（http://yq.cpnn.com.cn/baogao/201703/t20170320_ 955994. htm），2017 年 3 月 20 日。

在企业"反哺"对监管部门施以金钱等形式力挺政客、官僚，至此，双方结成利益团体，[①] 这种弊端加剧了民众对监管方和运营方的不信任，同时，对核电风险更增加一层担忧，核电风险在公众心目中进一步放大。其次，核电监管机构和核电政策的频繁调整降低公众对政府的信任。由于监管不力导致事故发生，事故发生后应对处置不当，引起社会质疑，随之调整监管机构设置和职能，是政府部门通常做法，而管理机构和相关政策的频频调整恰恰降低了公众对政府的信任，加剧了对核电风险的担忧，也通常引起又一波的反核电运动。如1956年成立的核燃料公司（AFC），1967年更名为动力堆与核燃料开发事业团（PNC）。由于对1995年和1997年发生的两起事故处理不力，在1998年对其进行改组，成立日本核燃料循环开发机构（JNC），并在2005年与日本原子能研究所合并成为一个机构，就是日本原子能研究开发机构（JAEA）。[②] 再如福岛核电站事故促使日本再次整顿核电行业。在2012年9月成立新的核能安全监管机构——原子能规制委员会，该机构也制定了新的核电站安全标准。尽管这样，新的监管机构按照新的安全标准审核通过九州电力公司川内核电站1号机组重启申请，但还是引起日本公众的强烈反对。再次，事故处置不当对核电风险的放大。根据《日本经济新闻》《朝日新闻》等报2011年4月18日公布的民意调查结果来看，2/3以上的选民对政府在福岛事故中的应对处置能力表示不满，对菅直人内阁在灾难面前束手无策、混乱不堪的表现尤为不满。[③] 还有安全委员会和安全保安院互相扯皮，发表报告内容含糊其辞，数据矛盾，错漏百出。政府种种应对不力错失事故应对时机，使事态由"客观、天灾"再加上"人祸"而升级，对风险产生放大作用。

---

① 刘柠：《日本核电的前世今生》，《南方周末》2011年5月19日第A07版。

② 李鼙：《从雄心勃勃的"核能立国"到核电机组"零运行"——福岛核事故重创日本核电发展计划》，《国外核新闻》2012年第5期。

③ 王智新：《菅直人政权为何如此张皇失措》，人民网国际频道（http://world.people.com.cn/GB/57507/14476434.html），2011年4月25。

　　三是核电企业诚信缺失强化核电风险感知。核电风险除了技术因素之外就是"人因"，核电运营公司及其操作人员对核电风险控制至关重要，他们是否让公众信任以及是否负责、坦诚对人们感知核电风险有重大影响。而日本核电运营企业造假作弊、与媒体和地方政府串通旨在隐藏风险而欺瞒公众的行为，反而恰恰强化了人们的担忧和对核电风险的感知。首先，造假作弊隐藏风险。东京电力等日本多家电力公司被曝出隐瞒事故隐患、篡改核电站检修和检查记录的丑闻，动摇了民众对核电站的信任。据有关资料披露，东京电力公司曾隐瞒核电站事故 29 起，大约 100 名公司人员参与。从 20 世纪 80 年代后期到 90 年代前期，该公司曾在福岛县和新瀉县的 13 个核电站篡改过自主检查的记录，还在 1992 年福岛第一核电站 1 号反应堆安全检查中严重作弊。[①] 这一系列造假、欺瞒的行为增加了公众的愤怒，公众也更加的不信任核电企业及其人员，对核电风险的担忧进一步加强。如福岛核泄漏事故后，其业主东京电力公司一度遮遮掩掩，抢险迟缓，导致民众对风险估计不足，缺乏认识而产生巨大恐慌。其次，核电企业与政府、地方政府联合欺瞒公众加剧公众对核电站的对抗。福岛事故后，企业和政府相关部门一直在公众"脱核"呼声中推动核电重启，为了达到目的，原子能安全保安院竟与企业合力操纵相关听证会，暴露出监管部门和电力企业之间的利益勾结。如，2011 年 6 月，九州电力公司为促成玄海核电站 2 号、3 号机组重新运转，与当地佐贺县政府共同策划一场面对全市市民的电视听证会。看似公开公正的听证会私底下被公司高层操纵，动员企业员工冒充市民向节目寄出支持核电站运作的信件。这些行为被核专家解读为政府、电力企业和接纳核电站的地方结成三位一体"原子能村落"利益结合体。[②] 此外，电力公司通过赞助媒体与媒体关系密切，让媒体在核事故方面避重就

---

　　① 赵一海：《真实的日本核电》，《南方周末》2011 年 3 月 17 日第 B14 版。
　　② 张希：《日本核电员工充当听众伪造民意》，《国防时报》2011 年 8 月 10 日第8 版。

轻或者不予报道，这种利益团体的结盟严重削弱民众对政府、企业的信任，放大了核电风险，加剧了公众对抗核电站的强度。

三 小结

美国学者山德曼（Pete Sandman）把风险定义为：危害＋愤怒。它包含了风险造成的物理危害后果和风险给公众带来的不安、不满以及担心恐惧等表现反应。日本核电管理问题、核电企业诚信缺失等外在风险强化了人们内在化的核电风险，处在"核恐惧"风险当中的人们希望得到安全保障，期望通过政府监管部门、核电企业的努力降低、控制核电风险，而政府管理者监管不力甚至与企业结成利益团体，核电企业为掩盖事实造假欺瞒公众等，这些行为更进一步加大了公众对安全的心理落差，引起公众的愤怒，这种反应既是风险的表现，也加剧放大了核电风险本身。日本本是一个不推崇以游行示威自我表达方式抗议文化缺失的国度，但在面对核电风险和核事故不断发生时，日本公众频频走上街头，罕见规模、频率聚集抗议，足以证明民众对核电风险的恐惧和不接受。而这种结果恰恰是政府监管机构监管不力和核电企业"唯利是图"欺瞒公众等合力建构的。因此，日本核电风险的社会建构特点就表现为政府、企业不负责任的行为放大核电风险。

第四节　中国台湾地区核电风险社会建构模式

中国台湾地区也是利用核能发电较早的地区，能源战略对一地区发展的重要性以及核电本身存在的内在风险决定了核电在台湾地区的发展同样倍受关注，"拥核"和"反核"派在台湾地区历史文化、社会结构等社会环境下各自建构着自己的话语体系来表达立场，也不可避免地建构着核电风险来支持己方观点。台湾地区社会变迁过程使其既有中华文化的根基，又吸收西方文化，尤其是美国文化，形成儒家传统与西方文化并存的社会文化特色，个人主义与重视"人情伦理"并存、东西方各种信仰并存、西方政党理念和政治伦理并存、媒体言论自由的社会环境，在此社会环境下，对核电风险的社会建构不同于前面几个西方国家，也有自己的一些特色。根据台湾地区核电发展历程，主要从政党、社会团体、媒体等几方面来梳理台湾地区核电风险的社会建构。

一　中国台湾地区核电发展现状

中国台湾地区核电管理机构主要是 1955 年成立的行政院原子能委员会，负责核电厂、核设施及辐射作业场所的安全监督，电力公司负责核电厂运行管理、质量监督等业务。台湾地区现有建成的核电厂三个，所有的核电厂都由台湾地区唯一的核电企业——台湾电力公司负责运营，第一座核电站建于 1971 年，位于台北县（现为新北市）金山乡石门村，也称为核电一厂，1978 年首台核电机组投入运营。1974 年开始在金山乡万里村建设第二个核电厂，1978 年在南部屏东县建设第三核电厂，并分别于 1982 年和 1985 年投入商运并网发电。也就说在 20 世纪七八十年代先后有三座核电厂 6 个机组投入运营，三个核电厂均采用美国核电技术，1984 年核电发电量占总发电量的 47.9%，1987 年为 48.6%。① 由于台湾地区发展核电时期正好赶上美国三里岛、苏联切尔诺贝利核事故相继发生，社会上对核电风险的担忧及对核电站安全的关注逐步抬头。1987 年台湾当局动议建造第四座核电厂，1992 年开始执行兴建计划，但由于民进党反对，到 1997 年才正式开始建设，之后几经停工复建，尤其 2011 年福岛核事故的发生，核电风险再次成为台湾地区舆论的风口浪尖，也造成"核四"命运多舛。在 2015 年"核四"完成兴建，但在岛内高涨的反核声浪中，当时台"行政院长"江宜桦宣布核四厂无限期封存，未来是否启用交由"公投"

① 刘文达：《台湾核电》，《核科学与工程》1993 年第 2 期。

来决定，2018 年起，"核四"的燃料棒将陆续运送出台，"核四"也将真正走入历史。核电二厂 2 号机组 2016 年 5 月大修后并联发电，随即发生跳机事件，修复后因意识形态介入至今一直没有运转，2018 年台电力公司申请重启 2 号机组。台湾地区核能发电量从 2014 年开始一直在降，2016 年台湾地区核能发电量占比只有 6.25%。2018 年核能供给占能源总供给的 5.4%。截至 2019 年 3 月，台湾地区有两个核电厂 4 台核电机组在运，总装机容量达 3872MW。[①]

二　中国台湾地区核电风险社会建构分析

中国台湾地区因岛内资源匮乏，一度大力发展核电，核电也推动了台湾地区的经济起飞。而核电发展发生转折起于"核四"筹建之时，当时爆发的美国三里岛核事故、苏联切尔诺贝利核泄漏使台湾地区的民众对核电安全产生疑虑，"反核"运动也随之而来。当时社会文化环境下民众、社会团体、媒体等戏剧化的"反核"方式，加上"核四"成为"拥核"的国民党与"反核"的民进党进行政治角力的筹码，台湾地区核电风险的社会建构呈现出独特的方式。

一是政党之争中民进党对核电风险的建构。核能建设在台湾地区成为民进党和国民党相互角力的"棋子"，20 世纪 80 年代正是台湾地区民主运动兴起之时，1986 年成立的民进党号称"本土政党"，以"争取民主自由，让台湾人民有更多参政议政权"为其政见，以发动街头游行活动影响公共政策。1986 年苏联切尔诺贝利核事故强化了台湾地区民众对核电风险的认知，民进党及时捕捉到这些信号，高喊反核以赢取民众支持，从而壮大政党力量。他们强调台湾地区处在地震多发地带，且地狭人密，核废料无处存放，因此，核电风险巨大。在以后"核四"问题上，民进党更是成为台湾地区"反核"力量的助推者，1991 年民进党前主席林义雄成立"核四公投促进会"，1994

---

① 刘敏等：《中国台湾核电放射性废物管理及对大陆的启示》，《〈环境工程〉2019 年全国学术年会论文集》（下册），第 1022 页。

年以禁食方式呼吁民众反核并发起徒步全台湾地区的"核四公投千里苦行"行动。从 2005 年起，民进党推出了"非核家园推动法"，宣称没有核电的社会才是安全的社会。2008 年国民党执政后宣布重启"核四"，民进党则发起一次次如"用爱发电"等令人瞠目的反核运动。2013 年福岛事故两周年之际，民进党发言人林俊宪曾说要让"反核走出双北"，并有意与民间团体合作走进各乡镇去宣传核电风险和反核主张。2014 年 4 月在民进党开展无限期禁食抗议核电之后，台湾地区爆发了 20000 人的反核游行。2015 年民进党领导人下达了周六"三·一四废核大游行"动员令，要求党公职和支持者全力动员参与。核电风险在民进党政客与国民党相争之中被放大，激起更多民众的核电风险感知并强化了这种认知，同时也降低了民众对执政当局的信任。据台湾地区《天下》杂志在 2014 年 4 月的民调显示，58.7% 的民众赞成停建核四，原因就是高达 65.3% 的民众不相信当局能善尽核四把关的责任，同时，67.9% 的民众也认为当局没有能力处理核废料。

二是社会媒体放大核电风险。人们对事物的认知要么是直接体验所获得，要么从其他社会个体和组织那里间接获得。在现代社会，人们无法脱离社会媒体来理解社会现实，风险认知作为知识的传递、加工过程，也必然受社会媒体的建构，被媒体所表征的风险就是人们认知的风险。台湾地区媒体环境相对宽松开放，媒体又是公司制经营，因此媒体百花齐放，走向娱乐化、民粹主义盛行，在竞争激烈的媒体环境里各自建构议题，更是被不同党派干预而异化明显。在核电风险问题上，倾向放大核电风险。如台湾地区媒体揭露核电五大危机：旧厂役期过长、地理条件不宜、安全设计不足、监控管理不佳、新厂拼装赶工。[①] 这些报道在丰富人们核电知识的同时也建构了人们对核电风险的恐惧和担忧。对 2011 年日本福岛核事故的报道也是夸大惊慌，

---

① 邱丽萍、张涛：《台湾应该"拥核"还是"废核"？一次性全解读岛内核安全真相》，《海峡科技与产业》2014 年第 6 期。

让台湾地区民众惶恐不安。如《联合报》3 月 12 日《脸上恐惧在蔓延，就像世界末日》、3 月 14 日头版《死城，海啸灭村 2 万失踪》等报道加剧了人们的惊慌和恐惧。据 2011 年 3 月 21 日人民网刊出的一则消息称：台湾地区媒体报道日本地震太夸张，甚至提到"世界末日"被上告到主管部门。① 社会媒体对核电风险的放大反映到台湾地区现实社会就是民众对核电站的敏感恐惧，进而走上街头开展反核运动，引起社会心理恐慌，影响社会秩序。

三是社会团体反核活动强化了核电风险。从 1987 年开始，台湾地区各种社会运动盛行，自从 1988 年台湾地区成立"反核自救会"以来，反核运动在台湾地区核电发展过程中就蔚然成风。此起彼伏的反核抗议活动不断发生，2013 年 3 月 9 日，就有绿色公民行动联盟等 150 个民间团体共同发起约有 22 万人参与的"终结核四，核电归零"废核大游行。这些活动建构着社会的反核情绪，不断强化台湾地区民众核电风险的认知，尤其在"反核四"活动中影响更为明显。首先，社会团体以"理"建构。核电内在风险的客观存在容易被秉持不同理念的社会组织或个人阐释、加工从而被拓展或缩小，在民间团体多样、个人相对自由的台湾地区更是如此。如台湾绿色公民行动联盟，是一个长期致力于建构和推动台湾地区环境政策、环境议题的环保团体，其理念就是"议题结盟 社区串连 公民行动 永续社会"，在反核活动中，秉持其"理念"广泛结合各种反核力量，激发年轻参与者"反核"，扩大影响力。② 其理事长赖伟杰也是据"理"宣称台湾地区核电风险更高，他认为台湾地区位于地震带、人口密集，核电厂的安全风险高于其他国家和地区。其次，利用社会名人效应。组织领导者、专家、演艺明星等名人的言行会因为"光环效应"对社会民众产生示范、带动等比较大的影响。不管是民进党领导人、演艺界名

① 薛国林、梅刘柯：《"惊慌"的台湾媒体——台湾联合报对日本地震报道及启示》，《新闻与写作》2011 年第 6 期。

② "绿色公民行动联盟"主页（http：//www.gcaa.org.tw），2015 年 12 月 20 日搜索。

星，还是新成立的"妈妈监督核电厂联盟"发起人以及台大教授等对核电风险的解读都对民众具有较强的建构作用。如核四计划提出时，台大教授就到厂址所在地宣导核电危险性，使人们对核电安全更为担忧。在核四争议过程中，台湾地区著名电影导演柯一正指出："核四厂的争议，不单是要不要电的问题，而是要不要命的选择。美国、苏联、日本都是科技先进的国家，仍然发生了核灾，核电灾变无法绝对避免。"也有人表示"核电厂继续延役，只会增加不安与风险，延役仍会不断产生核废料。今天，全世界都无法解决核废料，也找不到地方处理，更何况是台湾？"① 再次，情绪渲染。语言、画面感对人的冲击力比较大，反核活动中各种装扮、标语、行为都具有暗示和感染力量。反核人士认为核电是胸口永远的痛，是定时炸弹，最终会把社会置于毁灭的边缘，这种心理暗示会强化自我的核电风险感知，从而坚定反核立场，在反核活动中演变成情绪渲染，从而影响他人。在2013年"309反核活动"中，格格装、猫女装、仙人掌装、骷髅装等装扮和"封锁核灾现场"等行动剧以及"我是人，我反核"，"我爱孩子，不要核子"等标语口号，引人瞩目，刺激感强烈，煽动着人们的情绪，影响人们对核电的认知。

三　小结

中国台湾地区社会呈现的是一幅"反核"图景，各种组织、团体以及社会媒体、个体从不同角度放大核电风险，以达到台湾地区"废核"的目的。建构核电风险的主体主要有党派竞争中政党、媒体和社会团体，在重人情关系又推崇自由表达的文化氛围下，各个建构主体非常重视情绪渲染、语言游戏、行为艺术等表演式的建构方式，如支持核电发展的马英九提出"我爱台湾，我要核安"的口号，相对的反核派就提出了"我爱台湾，不要核灾"的理念。最终对核电风险

① 李旭丰、陈晓菊：《核四：全世界最贵的核电厂　一个拖延36年还完成不了的台湾史上最曲折离奇的公共工程》，《海峡科技与产业》2014年第6期。

的建构、核电存废的争议演变成情绪的释放、民粹主义的表演。因此，在中华传统文化与西方多元文化并存的台湾地区，核电风险的社会建构既不同于美国、法国和日本，也与下一章要分析的中国大陆核电风险的社会建构不同，它表现出的特点就是社团活动与媒体共同放大核电风险。

第五节　四个国家和地区核电风险社会建构模式比较

核电风险在美国、法国、日本以及中国台湾地区所经历的社会过程，因为地区社会文化因素的不同、政治的不同以及社会环境的不同，就会呈现出社会因素建构核电风险的程度不同、方式不同。但只要核电风险与一定的地区社会结合，就必然会被这个地区的社会所建构。

一　共同点

从以上对四个国家和地区社会建构过程分析来看，他们的核电风险社会建构存在以下共同点：一是政府或者说官方都是不可或缺的社会建构主体之一。由于核电发展事关一个国家或地区的能源战略，因而当政者大多主张大力发展核电，他们在鼓励核电技术研究、加强监管控制核电风险的同时，为避免公众恐惧产生反对情绪，多倾向于强调核电的重要能源地位而弱化核电风险。二是媒体在核电风险社会建构中作用突出。不管是放大还是弱化核电风险，媒体基于自身的价值立场和所代言的阶层群体的旨意而发挥着塑造公众核电风险认知的角色作用。这和自古以来媒体的社会功能角色及现代社会发展下的媒体多样性和传播技术发达有关。三是公众都积极参与到核电风险的社会建构中来，对核电发展比较关注。不管是美国、法国、日本还是中国台湾地区，在核电发展中，公众都得到比较高的重视，公众参与程度相对比较高。

二　不同点

现有研究成果表明，核事故对公众核电风险感知的塑造和建构作用非常强，前面所分析的四个国家和地区中，美国和日本都是发生过核电事故，核灾难或核事故后，公众的核电风险感知就比较强，反对核电的声音一直都在。但不同的是，美国多元自由的文化和相应的政治体制，使美国各个阶层群体都有发声空间，媒体也相对自由，因而核电风险被各种均衡力量建构，呈现出总体上没有明显的放大或弱化。但日本的国土面积、资源状况、核电运作管理体制使得相关机构、部门无视或弱化公众核电风险感知，力推核电发展，政府、企业、媒体一直倾向弱化核电风险，然而由于事故频发，管理弊端百出，结果却放大了核电风险，强化了公众的核电风险感知；而法国和中国台湾地区没有发生过核事故，但中国台湾地区独有的体制、受美国文化影响颇深并在世界上两次大的核电事故后快速发展核电的，因此，反核、恐惧核电风险的声音伴随着社会运动在 20 世纪 80 年代后风起云涌。而法国特有的民族情结和文化及权力集中的体制使得公众核电风险感知较弱，核电发展稳定顺利。四个国家和地区核电风险的社会建构主体构成及其力量不同，如美国媒体力量或者说公众力量比较强，日本企业力量比较强，而法国是政府建构成分多，中国台湾地区是媒体和社团的力量较强。从而形成了不同的社会建构结果，呈现不同的社会建构特点和模式（见表4－4）。

表4－4　　　　　四个国家和地区核电风险社会建构模式对比

国家和地区	建构模式（特点）	社会建构结果
美国	各建构主体力量均衡式社会建构	放大或弱化核电风险
法国	政企合作重沟通式的社会建构	弱化核电风险
日本	政府企业不负责任式的社会建构	放大核电风险
中国台湾地区	社会团体 + 媒体表演式的社会建构	放大核电风险

第五章 中国核电风险的社会建构过程及特点

在不同的社会解释框架下，同一种技术会被不同价值取向的人从不同的角度加以关注，从而解释成不同的含义和功用，这就是技术的社会建构。核电技术作为现代技术，在其为人类带来清洁能源的社会过程中，源于"技术不确定性"的内在风险如影随形，本身就存在着"一体两面"，这种技术在社会中更多地具体呈现哪一方面，取决于社会解释背景，取决于社会现实。从以上对世界上部分国家和地区核电风险的社会建构分析来看，不同的国家和地区，不同的社会文化，不同的社会结构，不同的核电管理体制呈现出不同的社会建构模式和特点。而中国是发展中国家，也是核电技术应用比较晚的国家，有自己的国情和文化，在发展核电过程中，必然有与上述国家和地区不同的社会建构模式和特点。本部分通过对中国核电风险社会建构的纵向时序分析和当下社会建构过程的横切面分析来阐释中国核电风险的社会建构特点。

第一节 中国核电发展现状

中国核电发展如同世界其他掌握核技术的国家一样，有一个核技术从军用转为民用的过程。只不过这个过程比较缓慢，美国从第一座军用生产反应堆建成（1944 年）到第一座核电站运行（1956 年）用了 12 年，法国用了 8 年（分别是 1956 年和 1964 年），而中国用了 25 年（分别是 1966 年和 1991 年）。到 1990 年底，全球当时运行的核电站反应堆已经达到 415 个，装机容量为 3.26 亿千瓦，而中国的核电还为零。[①] 从 1991 年秦山核电站并网发电到现在，经过近 30 年的发展，中国已建成并投入商业运行的核电机组有 47 个，在建的有 15 个。中国核能行业协会发布的核能发展蓝皮书《中国核能发展报告（2020）》显示，近十年，核能发电量一直稳步提升，2019 年我国核能发电量为 3481.31 亿千瓦时（见图 5 - 1），约占全国发电量的 4.88%（见图 5 - 2）。我国核电总装机容量达到 4875 万千瓦，位列全球第三。该报告还指出，"十四五"时期及中长期，核能在我国清洁能源低碳系统中的定位将更加明确，作用将更加凸显。[②]

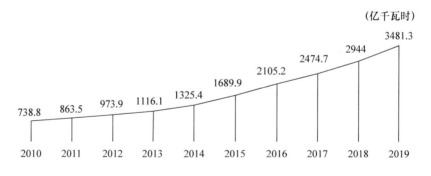

图 5 - 1　2010—2019 年全国核电发电量（不含台湾地区）

目前中国在运在建的核电站遍布沿海辽宁、山东、江苏、浙江、福建、广东、广西、海南等 8 个省份和自治区（不含台湾地区），再加上 2008 年拿到"小路条"[③] 且厂址已完成征地拆迁的湖南桃花江核电站、江西彭泽核电站、湖北大畈（咸宁）核电站等 3 个内陆省

---

① 侯逸民：《走进核能》，科学出版社 2000 年版，第 256 页。
② 《中国核能发展报告（2020）》，中国核能行业协会网，2020 年 6 月 16 日。
③ "小路条"是指国家能源局对项目开展工程前期工作的指导文件，即同意开展前期工作。但目前尚未开工建设。

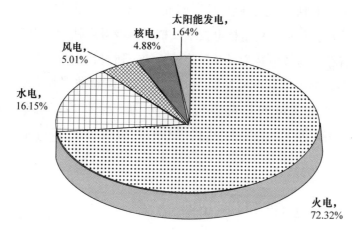

图 5 - 2　2019 年全国各电源发电量占比图（不含台湾地区）

注：图 5 - 1、图 5 - 2 均来自中国核能行业协会发布的核能发展蓝皮书《中国核能发展报告（2020）》。

份，核电项目遍及 11 个省份，核电站在中国越来越深入人们生活，[①]同时，随着核电发电量的增加，在能源战略中的地位愈加重要，核电技术社会化程度愈加深入，核电风险也就势必受到社会更多地关注，社会结构、社会文化等社会因素在核电风险的认知、发展、应对中的影响也越来越大。

第二节　中国核电风险社会建构的时序分析

社会公众对技术风险的认知很大程度上依赖社会媒体的建构，从某种意义上讲，公众所感知的风险就是媒体表征的风险，是人为建构的，正如风险社会理论提出者贝克所说："全球风险社会各种灾难在政治层面上的爆发将取决于这样一个事实，即全球风险社会的核心涵义取决于大众媒体，取决于政治决策，取决于官僚机构，而未必取决

①　赵子辉、邹树梁、刘永：《内陆核电发展形势分析》，《南华大学学报》（社会科学版）2012 年第 3 期。

于事故和灾难所发生的地点。"① 因此，媒体不仅记录反映了中国核电风险的社会过程，更是核电技术及核电风险融入社会的引荐者，影响形塑着社会对核电技术以及风险的认知。通过梳理相关媒体有关核电的资料，按中国核电发展纵向时序和核电风险被"社会嵌入"程度来看，核电风险的社会建构可以分为三个阶段：零核电时代（1970—1990 年）、前福岛时代（1991—2010 年）和后福岛时代（2011 年至今）。

一 零核电时代（1970—1990 年）

这个时期是中国核电发展的提出及筹备阶段，核电技术及风险的社会化程度比较浅。世界发达国家核技术运用由军转民开始于 20 世纪中期，中国比较晚，始于 1970 年 2 月时任总理周恩来提出要搞核电站以解决上海等华东地区用电问题，1974 年正式批准秦山核电站工程，核电技术刚刚踏入中国社会，技术内在风险还仅仅只被专家所认知，而且专家相信不断发展的技术能够控制风险，因此，本阶段核电风险的社会建构表现出"政府 + 专家"通过媒体加以影响塑造的特点。

一是媒体建构"英雄正义"的核形象。中国民众对"核"的认识源于 1964 年第一颗原子弹爆炸，那团"蘑菇云"在人们心目中是保家卫国、民族精神的象征。爆炸成功当天晚上 23 时中央人民广播电台广播了新华社编发的《新闻公报》，《新闻公报》阐述了中国进行原子弹爆炸实验的意义，"中国在本国西部地区爆炸了一颗原子弹，成功地实行了第一次核试验。中国核试验成功，是中国人民加强国防、保卫祖国的重大成就，也是中国人民对于保卫世

---

① ［德］乌尔里希·贝克：《"9·11"事件后的全球风险社会》，王武龙译，《马克思主义与现实》2004 年第 2 期。

界和平事业的重大贡献"①。同时，《人民日报》用喜庆大红字体刊发了《号外》。据当时亲历者李鹰翔回忆道，全国人民包括海外华人听到这个消息后，很多人自发聚集到广场街头，欢呼欢庆。美籍华人、著名记者赵浩生写道："当中国第一颗原子弹试爆成功的新闻传到海外时，中国人的惊喜和自豪是无法形容的。在海外中国人的眼中，那菌状爆炸是中华民族精神的花朵，那从报纸广播传出的新闻，是用彩笔写在万里云天上的万金家书。"② 之前由于涉及军事机密，社会民众对有关核技术的一切都是"零认知"，社会媒体对核弹成功爆炸的报道塑造了"英雄正义"的核技术形象，这也是中国公众对"核"的第一印象。

二是媒体建构弥补科学技术差距的社会氛围。20 世纪 90 年代之前，中国计划经济体制下，包括科技、新闻传播在内的经济社会发展内容都是政府主导，政府、社会同构，媒体与政府保持高度的统一，社会的认知就是主流媒体塑造形成的。邓小平曾说过，20 世纪六七十年代是世界上科技飞速发展的时代，而科学技术相对落后的中国又由于"文化大革命"中断了科技发展之路。因此，在"文化大革命"结束后，中国领导人调整发展战略，大力发展科学技术，弥补与发达国家的差距。1978 年 3 月 19 日《人民日报》红字刊出前一日全国科学大会召开盛况及领导人的讲话，在版头专门设置红色标题框，把当时领导人题词"树雄心 立壮志 向科学技术现代化进军"醒目地凸显出来，对当时受儒家文化浸染抱有先国后家、集体主义信念的中国民众具有很大号召力，科学技术被放在崇高的地位。这个时期，中国领导人也纷纷出国访问学习，回来后更感觉中国与发达国家、地区的差距，尤其是科学技术方面的。1978 年 9 月 12 日，邓小平在朝鲜同金日成会谈时

---

① 《加强国防力量的重大成就保卫世界和平的重大贡献我国第一颗原子弹爆炸成功》，《人民日报》1964 年 10 月 17 日第 1 版。

② 李鹰翔：《中华民族石破天惊的一天》，《军工文化》2014 年第 9 期。

说："我们一定要以国际上先进的技术作为我们搞现代化的出发点。最近我们的同志出去看了一下，越看越感到我们落后。什么叫现代化？50 年代一个样，60 年代不一样了，70 年代就更不一样了。"① 进一步肯定了在科学技术上奋起直追的决心。作为第三次工业革命标志之一的核能技术也是我国奋起直追、大力发展科学技术的一个重要内容。1974 年中央专门委员会批准 30 万千瓦级压水堆核电项目就是作为科技开发项目列入国家计划的。《人民日报》从 1982 年到 1989 年之间有 17 篇专门介绍联邦德国、美国、日本、苏联、瑞典、捷克等国家核电工业发展状况以及世界各国核电的发展（见表 5－1），其中并不乏用"大力""加快"及"世界核电装机容量达"等字眼和句子，这就营造了世界大多数国家都在建设核电站，中国在这方面存在差距的社会氛围，我们要奋起直追，需要大力发展核电。

表 5－1　　　《人民日报》20 世纪 80 年代关于世界各国

核电发展报道介绍统计

序号	日期	标题	版次
1	1984. 03. 02	联邦德国的核电工业	第 7 版
2	1984. 03. 03	联邦德国的核电工业	第 7 版
3	1984. 03. 04	联邦德国的核电工业	第 6 版
4	1984. 05. 17	1983 年底部分国家核电建设情况	第 5 版
5	1985. 10. 16	美国核电工业巡礼	第 7 版
6	1986. 07. 28	罗总统要求加快核电站建设　印度将继续开发核电潜力	第 6 版
7	1986. 08. 31	日本核电远景规划	第 7 版
8	1986. 10. 29	日本下世纪大力发展核电　核电将代替火力发电 在总发电量中占主要地位	第 7 版
9	1986. 11. 25	无可替代的能源战略抉择　——西德核电事业巡礼之一	第 6 版

① 中共中央文献研究室：《邓小平思想年谱（1975—1997）》，中央文献出版社 1998 年版，第 76—77 页。

续表

序号	日期	标题	版次
10	1986.11.26	涓滴不漏的安全监督 ——西德核电事业巡礼之二	第6版
11	1986.11.27	在比布利斯核电站 ——西德核电事业巡礼之三	第6版
12	1987.04.07	美国的核电工业（上）	第7版
13	1987.04.08	美国的核电工业（下）	第7版
14	1987.04.23	世界核电装机容量达27万兆瓦	第7版
15	1987.07.29	苏联继续大力发展核电	第7版
16	1989.07.17	瑞典的核电安全管理	第7版
17	1989.07.22	捷克大力发展核电	第3版

三是媒体建构"安全"核电形象。中国酝酿、筹备和建设核电站时期，世界范围内已经发生了美国三里岛（1979年）和苏联切尔诺贝利（1986年）两次影响比较大的核电事故，世界上一些国家出现了公众反核运动，对核电风险担忧加剧。但这个时期，中国媒体对两次事故的报道还是倾向于"人为"归因，相信核电技术，尽管有少量报道是有关强调核电要安全发展的，但很少直接涉及核电风险本身，仍然是宣传建构核电"安全"形象。对于1979年三里岛核电事故，当时中国媒体很少直接报道，关注度比较低。通过梳理影响度比较大的《人民日报》来看，在1982年10月14日刊发时任中国核学会常务副理事长姜圣阶谈核电以《建设核电站 开发新能源》为题的文稿，文中写道，"三里岛核事故是因为设备欠缺，操纵失误造成的。并称姜圣阶认为这一事故提供了核电操纵的经验教训，也证明了核电设备的抗御事故能力，决不能成为中止核电发展的理由"①。而在1986年4月26日苏联发生切尔诺贝利严重核事故（7级）后，在《人民日报》数据库输入主题词"核电"共有22篇报道，除了上面提到的6篇介绍其他国家的核电发展以外，其中有15篇报道题目及

---

① 《建设核电站开发新能源——中国核学会常务副理事长、核工业部科技委员会主任姜圣阶谈核电》，《人民日报》1982年10月14日第3版。

版次如表5-2所示。1986年5月1号《人民日报》刊文称"国际原子能机构说不应怀疑核电安全"。5月23日报道说："苏联乌克兰基辅附近的切尔诺贝利核电站4月26日发生事故，在世界上给历时几十年之久的有关发展核电的争论火上加油。反对建立核电站的呼声此

表 5-2　　　　　　　　　　1986 年《人民日报》有关核电报道

序号	日期	标题	版次
1	1986.05.01	国际原子能机构说不应怀疑核电安全	第3版
2	1986.05.23	发展核电是必然趋势	第7版
3	1986.06.22	蒋心雄向人大常委会议汇报我国核电建设情况发展方针发展核电是对能源一种补充必须做到安全第一质量第一	第1版
4	1986.06.25	人大常委审议我国核电建设情况和发展方针有重点有步骤发展核电有利于四化	第1版
5	1986.08.01	安全重于一切——访广东核电联营公司	第2版
6	1986.09.04	今日本报第五版刊登专版专家学者著文谈核电安全	第1版
7	1986.09.04	发展核电是解决我国东南缺能的出路	第5版
8	1986.09.05	香港立法局举行内务会议　通过立法局议员核电考察团报告书	第4版
9	1986.09.18	香港一群众性核电考察团　赞成在大亚湾兴建核电厂	第3版
10	1986.09.18	香港立法局核电考察团十一人应邀到京与有关方面交换意见	第3版
11	1986.09.21	李鹏对香港立法局核电考察团成员访京团说　办好大亚湾核电站保证其安全　是我们同香港居民的共同愿望	第3版
12	1986.09.26	我代表在国际原子能机构大会上说　中国政府愿意签署国际公约　加强国际合作安全发展核电	第1版
13	1986.09.26	我代表团团长在国际原子能机构特别会议上发言　中国有步骤发展核电是必要的	第7版
14	1986.11.13	核电继续成为经济发展重要能源　联大通过决议肯定和平利用核能	第6版
15	1986.12.09	京粤港核电专家在深圳聚会　发表对核电问题的见解	第3版

起彼伏，其中也反映了不少合理的愿望和要求。但事态越来越明显，人类将从事故中吸取有益的教训，更加安全地发展核电是势所必然。"从中可以看出，多强调"核电是安全的"，"发展核电是必然趋势"。对于当年 5 月开始的香港反核活动，8 月 1 号刊发《安全重于一切——访广东核电联营公司》，从站址地震构造是稳定地区、对安全多重监管、对最大假想事故作了测算等三方面回应香港民众反核呼声。到 9 月 18 日报道"香港一群众性核电考察团　赞成在大亚湾兴建核电厂"。20 世纪 80 年代作为党和政府喉舌的《人民日报》积极宣传党和政府的政策主张，官方立场和官方语言充斥媒体，满足了政府及企业对媒体的角色期待，反映公众声音的相对比较少。其对核电技术及风险的建构角色也是充当政府的"代言人"，对于当时媒体单一、人们接受信息渠道较少的年代，主流媒体就对公众认知具有强烈的建构作用。

二　前福岛时代（1991—2010 年）

1991 年 12 月秦山核电站正式并网发电，结束了中国零核电时代，中国核电发展进入前福岛时代。这个时期是世界核电运行比较稳定、中国核电快速发展的时期，中国现有的核电站基本上都是这个时期确立并建造的。在国家战略推动以及相应管理体制不断健全、核电站保持良性运行的情况下，社会在享受核能带来的电力的同时，很少顾及核电风险的一面。但进入 21 世纪以来，中国长期的经济快速发展使得社会建设滞后，社会矛盾增多，人们维权意识、环保意识增强，借助互联网等新媒体人们的话语权不断增强，并对核电风险有了初步认知，开始出现对化工、核设施等项目的"邻避现象"。因此，本时期核电风险的社会建构经历了延续上一时期的政府、专家、企业对核电风险的"弱化"和新时期民间质疑抗争声音对核电风险的"放大"并存的阶段，呈现出核电风险的社会建构场域内出现了社会公众这一不同方向维度力量的特点。

一是20世纪90年代政府、专家、企业对核电风险"可管可控"的建构。作为国家战略规划的"五年计划"在中国意义重大，第八个五年计划、第九个五年计划都提出要"适当发展核电"，这赋予了核电发展的"合法地位"。随着中国核电机组的增加，核电项目在更多的地方落户，地方政府也加入核电风险的社会建构场域，与中央政府、专家、企业共同塑造核电安全、效益形象，弱化核电风险认知，这种建构反映在媒体对核电的相关报道上。在海量数据库"读秀"中的"报纸"数据库输入"核电"二字进行全字段搜索，20世纪90年代相关报纸媒体对核电报道的主题、篇数及来源如表5-3所示。媒体的议题设置对公众认知有强烈的引导和塑造作用，从表中主题可以看出，一如既往地宣传核电安全环保、其他国家都在发展核电、中国核电发展形势大好等议题，尽管随着改革开放以及市场化的推进，媒体有自身的运作规律，也有追求"新闻价值"的倾向，如1999年10月19日《大河报》以《日本核电计划包藏祸心———制造原子弹重温帝国梦》为题报道"日本核泄漏原因是核电业固有致命缺陷、更揭示其中人为故意"来吸引读者眼球。但是由于中国报业管理体制，从中央到地方报刊的行政化色彩比较浓，媒体报道的背后就是政府立场，核电所在地的地方政府出于地方经济发展"政绩"考虑，力促核电项目进展顺利，地方媒体也在中央权威下保持口径一致，某某日报系列媒体几乎没有对日本核泄漏事故进行报道，只有《宁波日报》在1999年10月16日以《我国全面检查核电安全有关专家表示，类似日本核辐射泄漏事故不可能在中国发生》和1999年1月15日《俄加里宁核电发生喷爆事故》为题对日本和俄罗斯核电事故进行报道。因此，这一时期政府、企业、专家与媒体立场一致"忽略"核电风险的同时，核电站所在地的地方媒体也有自身利益，并随着媒体管理体制的改革，开始对核电事故予以关注，以满足当地民众对核电全面客观了解的需求。

表5-3　　　　　　20世纪90年代中国核电报纸媒体报道情况

日期	篇数	主题	来源报纸及篇数
1991年	9篇	核电规划（我国将连续三年有核电投产、加速核电起步建设）、国际称赞有利于解决酸雨、温室效应等环境问题	《人民日报》8、《宁波日报》1
1992年	2篇	核电发展前景广阔、秦山二期工程进度	《人民日报》
1993年	6篇	商用核电进入实施阶段、迈入新阶段、实现技术产业化、秦山外围监测技术达国际水平、世界核电稳定发展	《人民日报》5、《宁波日报》1
1994年	3篇	核电安全清洁高效、世界趋势	《人民日报》
1995年	13篇	世界仍在发展核电、中外合作、核电事业加快、秦山通过国家验收、进入新阶段、"九五"计划	《人民日报》9、《宁波日报》4
1996年	9篇	秦山二期、三期工程进度，秦山建成管理信息系统	《人民日报》5、《宁波日报》3、《计算机世界》1
1997年	11篇	岭澳核电工程进展、核电设备国产化、日核电泄漏、上海核电设备基地	《人民日报》7、《东营日报》2、《宁波日报》2
1998年	8篇	核电设备基地捷报频传、核电产业初具规模、自主化	《宁波日报》3、《人民日报》3、《东营日报》1、《光明日报》1
1999年	16篇	连云港核电、银行支持核电、世界核电信息、发展核电利国利民、加强安全检查、专家表示不可能发生日本核泄漏、俄核电喷爆事故、日核电泄漏	《人民日报》6、《宁波日报》5、《光明日报》2、《大河报》2、《三亚晨报》1

　　二是21世纪初发展转型对核电风险的建构。经过二十多年快速发展的中国进入21世纪后，高消耗、高污染的发展模式急需转型，注重人与自然和谐发展、可持续发展的科学发展观成为指导中国发展的新理念，为避免规划和建设项目实施对环境不利影响，2002年颁布《中华人民共和国环境影响评价法》，要求包括核设施在内的建设项目进行环境影响评价并作为项目审批的要件之一，一定程度上讲，环境影响评价进一步扩大了核电项目的社会影响。2003年针对辐射监管防治颁布了《中华人民共和国放射性污染防治法》，以促进核能

和平利用，当年 11 月 29 日《经济日报》刊发采访核安全与辐射环境管理司负责人解读该法的报道《放射性污染防治不可掉以轻心》，文中提到"核设施的潜在风险始终存在"，"放射性废物的迅速增加对环境构成潜在威胁"，这些从保护环境角度的客观解读使社会公众对核电风险有了初步认知。计划经济条件下传统媒体几乎一个口径的状况发生了变化，发展理念转型和核电风险的"不确定性"导致媒体报道议题出现了分化。此后，中央媒体从维护整体利益及环境保护角度正视核电风险，要求加强监管、注重安全。除了宣传核电安全清洁之外，开始有"重视核电安全""加强公众沟通"的议题，如国家发改委主管的《中国经济导报》2004 年 12 月 7 日报道《发展核电离不开公众沟通》，提出公众参与、让公众了解核电知识。2004 年 5 月 8 日报道《走出恐"核"阴影　加快核电发展》讨论核电是否安全。《中国环境报》2009 年 3 月 11 日报道《核电大发展　安全监管须跟上》等。地方媒体则代言"地方政府"呼吁加快核电、争取核电项目的议题比较多，如《羊城晚报》2003 年 10 月 1 日刊文《核电项目最好提前动工》，《华中电力报》2003 年 6 月 20 日报道《核电梦，湖北何时圆?》，《经济导报》2003 年 7 月 16 日报道《山东核电夜长梦美》，2007 年 2 月 1 日《烟台日报》报道《推进海阳核电项目尽早开工》，等等。这一阶段国家层面调整发展模式，倡导可持续发展，而地方出于经济发展考虑争取大项目，所以对核电发展在一致立场基础上也有利益分歧，从而对核电风险有不同的认知及解读、编码以及向社会输出。

三是社会（公众和民间组织）借助互联网等新媒体对核电风险的建构力量增强。进入 21 世纪，互联网逐步发展，中国大陆的网络平台也逐步多样化，如 1999 年开通的"人民网强国论坛""天涯社区"，2003 年的百度贴吧、2005 年的新浪博客和 QQ 空间等，为社会及民众充分表达诉求提供了载体和平台。随着互联网的发展以及各种网络论坛、社区的活跃和网民人数的增多，网络虚拟性、即时性极大地释放了中国民众的话语权,打破了原来核电风险社会建构场域内主要由政府、专家、企业、主流传统媒体构成的建构网络的均衡,开始作为一维力量参与其中。同时,由于核电知识的专业性和网络空间的特点,一定程度上这种开放、匿名的网络媒体建构了核电的非理性恐惧。如2004年2月24日网民isoc在"百度贴吧"发布"辽宁拟在大连建东北第一核电"的帖子,有9个回帖,除了3个回帖表示知道确认消息之外,2个网民回帖表示"希望不是第二个切尔诺贝利",3个表示不要建在大连。① 说到核电站,立刻想到7级核事故,产生"核恐惧"。网络情绪还具有极大的感染性,会导致情绪释放,产生极大的舆论能量,放大核电风险。中国大陆核电发展过程中第一个争议不断、遭遇反对声浪的核电项目——山东乳山核电站,就是在网络媒体下,影响不断扩大。通过"搜索人民网强国论坛"发现在2008年1月8日名为"银滩维权"的网民用户发布"关注山东乳山核电项目"帖子,阅读量达到19056次,回帖171个,回帖中大部分是"反对",背后是一个个个体利益诉求的呈现,担心因此利益受损的银滩房产的业主、保护环境的环保主义者、恐惧核电站的"邻避"行动者等借助互联网解构了地方政府及专家决策的权威,充满了情绪的释放和对地方政府的不满,放大了核电风险。而同一时期在中国知网"读秀"以"乳山核电站"为题搜索"报纸"数据库共有18篇,2007年就有13篇,是舆论比较集中的时间,部分相关报道标题、内容如表5-4所示。地方媒体和行业媒体一如既往地坚守着利益价值取向,发挥政府和行业的"喉舌"角色和舆论引导功能,如《威海日报》和《中国电力报》,而一些市场化媒体逐渐体现为公众立场,在市场导向下开始呈现冲突议题中的各方反应,也就意味着传统政府、企业、专家的建构力量在弱化。

---

① 百度贴吧(http：//tieba. baidu. com/p/490231？pid = 3171056&cid = 0#3171056),搜索时间：2015年12月2日。

表5-4 中国知网报纸数据库"乳山核电站"报道汇总

序号	日期	标题	内容	报纸来源
1	2004-02-24	山东乳山拟于2009年建核电站	山东鲁能与乳山市人民政府就该项目签字仪式举行并展望前景	《中华建筑报》
2	2005-10-26	乳山核电站项目正式启动	《关于加强全面合作共同促进山东核电发展框架协议》的签订	《威海日报》
	2005-10-27	核工600亿建乳山核电站	报道乳山核电项目进展情况、山东核电群布局等	《香港文汇报》
3	2007-12-13	争议乳山核电站	环保总局、地方政府、民间等各方反应	《南方周末》
4	2007-12-18	中核集团回应"乳山核电站事件"	是国家核电中长期规划中十三个可选厂址之一，正在编制《环境影响报告书》，尚未进入国家环保总局报批程序	《中国电力报》
5	2007-12-24	乳山核电站为何遭遇反对声浪	业主、环保人士、核电专家、环保总局等看法，及项目厂址介绍	《北京科技报》
6	2007-12-27	争议乳山核电站	沿海和内陆为建设核电站展开激烈争夺，乳山核电站是唯一注明"需进一步研究"	《常熟日报》
7	2007-12-16	乳山核电站被指"先斩后奏"	认为项目离4A级的银滩国家旅游度假区十公里，当地民众反对声音不断	《盐城晚报》
8	2007-11-04	2020年前新建核电站主要在沿海6省——13个备选厂址中有乳山红石顶，但需进一步研究	介绍被国务院批复的《核电中长期规划》，在储备的核电厂址资源中，指出乳山核电站需进一步研究	《威海晚报》
9	2008-2-22	乳山核电站并不存在"叫停"	山东能源状况、核电安全	《中国改革报》

序号	日期	标题	内容	报纸来源
10	2008 - 03 - 10	乳山核电站将严格环评——环保总局副局长表示目前项目还处于前期调查阶段并未开工建设	时任环保总局副局长吴晓青称："对于乳山核电站的建设，他们提出一定按照国家核电站相关的要求，做好前期工作。对这项工作的进展加强宣传，特别是注意对加大公众、媒体的公开。"	《青岛晚报》

三　后福岛时代（2011 年之后）

发生在 2011 年 3 月 11 日的日本福岛核泄漏事故绝对是中国核电风险社会过程的分水岭，虽然不是在眼前、直接体验的核电风险，但在当下的全球化、信息化、自媒体时代，各种媒体对事故的报道、传播让中国公众第一次对核电风险有了直观的认识和间接体验。后福岛时代是在中国经济社会转型深入，社会力量和社会空间不断成长，民众维权意识和环保意识不断提高以及自媒体时代的社会背景下，核电风险的建构力量更加多元，同时随着"个体化"社会的形成，社会信任的降低，对核电风险的认知更加分化。然而，中国特色社会主义的道路使得作为国家战略的能源发展中政府仍具有主导作用，但同时必须面对越来越强的来自社会和公众对核电政策的影响力量以及社会环境的日趋复杂。因此，2011 年以后中国核电风险的社会建构主体趋于多元化，社会力量的增强促使各方更客观理性地对待核电风险，各方利益的博弈也使得核电风险建构过程更加复杂。但随着时间的推移，核事故对核电风险放大效应出现递减及消失。同时，良好的核电安全运行记录和能源、环境压力的现实等情况使得弱化核电风险的力量渐占上风。

一是日本核事故当年的社会反应放大了核电风险。2011 年由于日本特大核事故再次将核电风险呈现在人类面前，各国重新审视本国的核电安全，中国核电风险也引起社会关注，在中国知网报纸数据库以题名含有"核电""安全"进行搜索，结果如图 5 - 4 所示，可以看出，在 2011 年形成了对中国核电安全关注的热点。此外，中国政府、企业、专家、媒体、公众各个核电风险建构主体不同反应，放大或减缓核电风险，具体建构方式及表现在本章第三部分建构过程予以呈现，在此仅作简单概括。首先，社会及媒体对核电风险的强烈关注。核事故、核争议等属于契合新闻价值观的事件，自然会引起媒体的关注，一时间会形成强大的舆论场，而媒体对某事件或某话题的报道、聚焦又引导着公众的关注点，对核电风险知识相对匮乏的公众来讲具有很强的塑造作用，但媒体为了使事件报道更适合自身的价值观，对相关事件进行"议程设置"后就带有自身偏见，传递的核电风险知识就不是客观的、精确的，就会强化或误导公众的核电风险认知。其次，政府、企业、专家采取行动弱化由核事故带来的风险感知。中国政府暂缓核电项目审批，要求进行全面安全检查；专家、企业表态中国核电技术、核电站不会发生像日本核泄漏一样的事故，2011 年 6 月正在建设的红沿河核电站向公众开放等。政企合力做好加强核电风险监管、尊重民意、重视核电科普、公众沟通等工作，来降低公众、社会组织、部分专家心目中核电风险的放大效应。

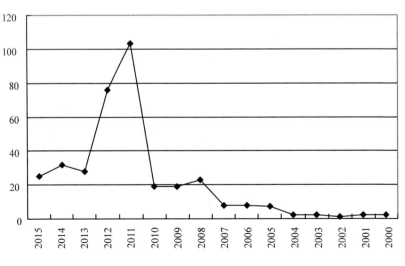

图 5-4 中国知网报纸数据库以"核电安全"进行题名搜索结果

二是社会信任水平对核电风险的放大。人们对核电风险的认知除了核电技术因素以外，还包括对政府监管机构、企业管理能力、人员素质等核电风险管理组织和人员的信任水平。中国社会科学院社会学研究所2013年初发布的《社会心态蓝皮书》显示：社会总体信任程度得分平均为59.7分，已经进入了"不信任"水平，到了社会信任的警戒线。信任缺失在一定程度上也放大了核电风险。拥有近200万粉丝的知名网络评论人"五岳散人"发布一条"咱不能一边抱怨雾霾，一边反对核电吧"，下面300多条回复，认同点赞量最多的4条回复如图5-5所示，从中可以看出对政府、企业及其相关人员的不信任是担心核电风险的原因之一。

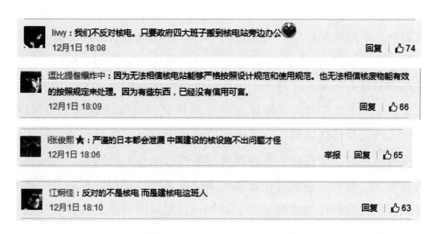

图5-5　"五岳散人"2015年12月1日18：01
发布关于"核电"微博回复截图

三是现实雾霾等环境压力对冲了一定程度上的核电风险。眼前的、已经出现的风险总会冲淡人们对未来风险的担忧。中国核电运行20多年来没有发生大的事故风险，人们对核电风险的担忧是没有发生的、未来的风险，而近几年全国性的雾霾天气带来的环境风险已经暴露，人们置身其中，这种现实的风险促使人们反思能源结构、污染排放等问题，而核电由于没有二氧化碳排放，是替代燃煤的有效选择，解决眼前问题的迫切使得对利用核能发电带来的"不确定性"的核辐射等风险感知就不那么强烈。同时，中国核电在经历了2011年暂停审批、全面核设施安全检查之后，2012年重新启动，推动核电发展的力量最初主要来自政府、企业、专家，在2013年以后媒体上也开始出现"核电在防治雾霾中大有可为"类似的议题报道，全国性、长时间的雾霾天气使得越来越多的社会人士加入到弱化核电风险、强调核电安全环保的队伍中来。

第三节　中国核电风险的社会建构过程

从以上对中国核电风险的社会建构的时序分析可以看出社会背景的影响，不同时期核电风险的建构主体、建构内容及建构方式也有所不同。日本福岛核事故启蒙了中国公众的核电风险认知，他们开始关注本国的核电风险。在当下中国，核电风险的建构场域和环境发生了变化，主体更加多元化，媒体也更加多样化，自媒体建构了多议题、多形式的信息传递机制，专家内部也出现分歧，民主进程也打破了以往核电项目的决策模式，政府越来越重视公众参与。因此，现时代中国核电风险的社会建构过程更能全面呈现风险的建构因素以及建构趋势。核电风险的社会建构过程是对某一核电风险信号进入社会以后各主体基于自身的知识和认知结构进行一系列选择、释义等行为再产生输出新的知识与认知结构的过程。一般情况下，核电风险信号始于核事故、媒体报道、自媒体发声等比较多，而中国鉴于核电站良好运行记录和媒体管理体制、政治体制等原因，核电风险的社会建构通常始于政府核电风险信号的公开或发布，终于定局性的政策结果或处理结果。但是，自媒体时代使得人人都是记者、人人面前都有麦克风，使得中国风险信号进入社会越来越多地始于自媒体。本部分选取从2011年3月日本福岛核事故后公众对中国核电风险的担忧恐惧及中央政府作出暂停新核电项目审批、对在运在建核设施全面安全检查的

决定到 2012 年批准《核电中长期发展规划（2011—2020 年）》重启
核电发展这一阶段来分析各个主体对核电风险的建构过程。

一 核电风险信号形成

有关影响人们对风险的严重性或可控性的认知的一种灾害或灾害
事件的信息被称为风险信号。① 日本福岛核事故的波及效应让世界在
发展核电问题上绷紧了神经，使大多核电国家的公众对核电风险更加
忧虑，中国也不例外，可以说，日本福岛核事故引致了中国公众对本
国核电风险的关注，是中国核电风险信号的直接诱因，而中国媒体、
公众、政府的反应进一步建构了中国核电风险信号，中国公众由关注
日本福岛核事故转而关注本国核电风险，标志着中国核电风险信号的
形成。

一是媒体"井喷式"地报道。阿伦·梅热（Allan Mazur，1984）
研究表明，对一项有争议的技术或环境项目的广泛报道不仅唤起公众
关注，而且将其推向对立。有关某项风险或技术的大众关切随着平面
媒体和电视报道的增加而升级。② 在"读秀"报纸数据库搜索"核
电"和"风险"结果共有 79 篇报道，2011 年之前只有 11 篇，而
2011 年当年就有 33 篇。2011 年，政治性强或党和政府"喉舌"的报
纸报道虽也涉及"风险"，但主要从正面强调风险控制、客观看待风
险。如 2011 年 6 月 21 日《人民日报》报道："国际原子能机构呼吁
各国进行核电风险评估。"而一些市场化媒体，如晚报系列的报纸由
于报道境外突发事故少了一些管控的束缚而更是全方位、多角度地挖
掘事故新闻价值或呈现事故现场，"爆炸""核泄漏""辐射超标"
"全县居民开始体检""20 年以后居民才能回家""东电谢罪遭怒斥"

① 〔英〕尼克·皮金、〔美〕罗杰·E. 卡斯帕森、保罗·斯洛维奇编著：《风险的社会放大》，谭宏凯译，中国劳动社会保障出版社 2010 年版，第 7 页。
② 〔英〕尼克·皮金、〔美〕罗杰·E. 卡斯帕森、保罗·斯洛维奇编著：《风险的社会放大》，谭宏凯译，中国劳动社会保障出版社 2010 年版，第 10—11 页。

"处理濒死家禽"等标题或字眼充斥媒体，而新崛起的微博等新媒体即时快速传播现场画面、视频等信息更是刺激人们的感知，如"微天下""新浪视频""有报天天读"等实名认证微博等新媒体几乎与现场事故发生同步报道，成为社会舆论的新引擎。大量信息调动了人们对核电风险的潜在恐惧，并强化了人们对过往核事故如三里岛、切尔诺贝利事故的记忆，扩大了对核事故结果程度的想象，使人们在感受核电风险的极度危害的同时也更加担忧自己身边的核电站是否会发生同样的事故。

二是民众核电认知起涟漪。调研中发现，日本福岛核事故之前不少民众甚至核电站所在地的居民对核电或核电站一无所知或者不管不问，表现出不关心的态度，而听说核电或者说对核电有所认知的大多就是起于日本福岛核事故，并多是通过电视或者亲朋好友那里听说的，而这种对核电的初步认知就是"可怕、恐怖"的印象。而以前对核电有所闻的部分民众也因福岛核事故对核电的认知发生了变化，东北某核电公司综合管理部负责人就坦言："以前（福岛事故之前）我们到政府或者哪个部门办事，他们一听说核电公司的，都肃然起敬，认为核电是高大上的，更多地关注我们是高科技企业。福岛核事故之后，再去办事，问得最多的就是'核电到底安不安全'？有时还追问一句'你说的是真的吗'？这就是最大的变化。"① 这种变化一方面基于福岛核事故的塑造建构，另一方面是由于互联网的发展公众获取相关信息渠道增多和发声空间拓展。根据中国互联网络信息中心发布的《第 27 次中国互联网络发展状况统计报告》显示，截至 2010 年 12 月，中国网民规模达到 4.57 亿人，手机网民规模达 3.03 亿人。对 2011 年 3 月至 2012 年 10 月的全国性和地方性的在线论坛、社区、贴吧、微博等网络空间搜索发现，这个时段尤其是福岛事故期间网民质疑核电的声音最为集中，对中国核电风险的担忧比较多，如 2011 年 3

---

① 访谈时间：2015 年 11 月 27 日。

月 12 日，名为"蓝色莉莉"的网友就发帖称："日本核电站泄漏已成真！红沿河也是个定时炸弹！"3 月 19 日，名为"六月西湖"的新浪博客用户博文标题称："福岛核电站离东京还有 100 多公里呢，我老家离秦山核电站可只有几公里！"而"Jiangke"网友称："桃江有了核电站，方圆 100 公里的居民至少 70 年每时每刻都生活在恐惧之中。"网络用户的开放性和互动性进一步强化了这种核电风险认知，并且会影响现实社会中其他人的认知，这种信息初步形成了中国核电风险信号。

三是政府调整核电政策。日本福岛核事故发生后的几天，世界各国和国际组织都对此作出反应，对本国核电安全问题表示关注以及对核能利用进行表态。中国政府于 3 月 16 日召开国务院常务会议，时任总理温家宝听取有关应对日本福岛核电站核泄漏情况的汇报，并且会议作出了四项决定：其一，立即对国内核设施进行全面安全检查，确保绝对安全。其二，切实加强正在运行核设施的安全管理。企业加强运行管理，监管部门加强督查。其三，全面审查在建核电站，要求用最先进的标准进行安全评估。其四，严格审批新上核电项目。要求相关部门抓紧编制核安全规划，在核安全规划批准之前暂停审批包括开展前期工作的所有核电项目。① 后来被称为核电"国四条"，标志着之前积极推进核电发展的政策发生转向，中国政府自发展核电以来首次因核电安全性即核电风险暂缓核电项目审批。此举表明了政府对民众的负责，对核电安全问题的重视，同时，也引起社会上对之前核电发展速度的质疑，如《环球时报》在 3 月 18 日刊登《中国要刹住大建核电站之风》的报道。政策调整也传递了"中国核电站的安全可能存在问题"信息，一定程度上印证了人们心目中的核电风险疑虑。调研中，就有民众说："那肯定危险了，要不国家为什么会停了"，也有核电企业人员表示："国务院加强安全检查可以，不应该

---

① 《温家宝主持召开国务院常务会议听取应对日本福岛核电站核泄漏有关情况的汇报》，《人民日报》2011 年 3 月 17 日第 1 版。

停下所有在建项目，这样有可能强化了公众对核电的担忧。"

二 风险信号的传播解读

对中国核电风险引起广泛关注标志着风险信号的形成，国务院就核电发展作出的"四条决定"掀起了中国国内核电安全问题大讨论，这项国内高层决定甚至比发生在国外的福岛核事故更能引起中国社会各界对核电安全的关注。通过分析"中国知网报纸数据库"2011年3月40家报纸媒体标题中含有"核电""安全"报道发现：3月11日日本福岛核事故发生后一周内（3月12日至19日）共有14篇报道，而3月16日国务院发布"国四条"一周内（3月17日至24日）共有25篇。媒体报道的集中度既建构社会舆论热点也是社会热点的反映。因此，从以上数据分析来看，"国四条"对社会舆论的刺激作用更强，之后核电企业、公众、媒体、专家等各个社会放大站从自身利益立场出发对该政策进行解读并重新编码再传播，从而建构核电风险。

一是公众"直觉捷思法"解读传播。公众对风险的认知不同于专家，趋向于主观、非理性，对一向离自己较远的核电风险更是知识欠缺，容易人云亦云，对国家相关核电政策也会凭自己直觉、常识以及切身利益来解读和判断，这种信息处理的方法就是"捷思法"。就如伯内德·罗尔曼等风险研究者所说："一旦接受了信息，常识机制就开始处理信息并帮助接受者作出推论。"① 国务院出台"国四条"决定以后，公众的反应就是如此，如百度的"靖宇吧"名为"治安局长"的吧主在2011年3月16日19：42发布"国务院发布将停建所有核电建设"的帖子，就是直接理解了国家将停建所有核电建设，具有一定的偏见，这种偏见就是其"直觉"加上心理认知趋向形成的，下面跟帖回复的网民也不会细致考究信息的真伪和准确，比如"cwgxbd"回复："不建

---

① ［德］奥尔特温、雷恩，［澳］伯内德、罗尔曼：《跨文化的风险感知》，赵延东、张虎彪译，北京出版社2007年版，第17页。

设最好，谁也不想身边有核威胁。就算是运行正常，也是提心吊胆的。再说核电站报废后只能就地填埋。就像埋了个定时炸弹，地震等天灾就是引爆器。""曾经心痛 dt"回复：如果是真的太好了，不用提心吊胆了。①而微博用户"胖金哥 ing"比较趋于理性，认为日本核泄漏为整个核电行业敲响了警钟，对国家暂缓审批新的核电项目评价为"明智之举"。但同时对国家核电建设进一步思考，认为"我们在建核电站数量居世界之首，缺乏有经验的核电运行的操作人员一直是个隐忧。但'人定胜天'的想法一直支持着我们的政府和相关人员"。传递了对核电风险的担忧。微博用户"冷江一霸"也对此信息进一步"加工"，表示感谢日本核泄漏事故，是其让大家明白核电站运营并不是"专家所鼓吹的千秋万代固若金汤"，并表达自己意愿：恳请当地领导及企业放弃本地核电站建设，不要因建设核电站而"遗臭万年"。很明显，信息内容进一步"丰富"，增加了"对专家的不信任"的信息。

二是媒体的多元立场建构再现风险"信号"。媒介景观是公众的认知图谱，媒体的舆论导向作用是毋庸置疑的，核电安全问题本身就是具有一定争议的话题，具有新闻价值，不同社会主体对其有不同的解读，自然会引起各种媒体的竞相关注，核电安全问题一旦被媒体呈现或论述，必然对其"再定义"进行渲染并融合社会各方的论争和建构，增加该议题的舆论热度。《中国企业报》在 2011 年 3 月 18 日《日本核泄漏向核电企业敲响警钟》报道中强调，"核电安全"是当前最热词汇，声称没有什么事情能够像它一样吸引中华民族注意力了。这样的"语言表达方式"对该议题有明显的"加温"效应。作为 2010 年改制的专门面向企业的一家媒体，也不忘其宗旨，对核电企业进行呼吁：国务院已明确要求，核电企业要按照要求做好安全检查、安全管理等安全任务。②而《中国经营报》作为科研机构主管主

---

① http：//tieba.baidu.com/p/1026847687？pid = 11606444134&cid = 0#11606444134，搜索时间：2015 年 12 月 28 日。

② 《日本核泄漏向核电企业敲响警钟》，2011 年 3 月 18 日《中国企业报》，第 001 版。

办的媒体，其中立、分析并有结论式的评析观点的倾向比较明显，在3月21日《中国核电遭遇"冰冻"》报道中开篇就以"集体缄默"作为一级标题，把此归结为福岛核事故后要求中国三大核电集团对国务院"四条决定"做解读评价时的集体表现。再如国务院发展研究中心主办的《中国经济时报》3月17日报道《核电跃进核废料处理隐忧浮现》，提出核电风险的隐忧所在。作为开放前沿的地方经济性媒体《深圳商报》，市场化媒体自由价值理念较强，报道的空间比较大，在3月22日《核电热与冷》中也是开篇就表示国务院暂停新核电项目的审批，闻者暂时可以松口气，接着直接批评某些人拍胸脯打包票说"我们核电技术不怕地震"的说辞，认为此话不专业，还表示技术并不是可以抵御所有风险，"黑天鹅"出现的概率永远在，提出对核电发展需要冷思考。证券类媒体多以《核能产业"安检"，核电股很受伤》《审批暂停致核电板块再受重挫》等标题表明该政策对证券市场的影响。相比这些媒体来讲，其他日报系、能源行业媒体多是强调既要安全又要发展核电的观点，如《人民日报》3月18日报道《让安全为核电发展护航》，《科技日报》3月17日报道《核电安全要加强因噎废食不可取》，《中国工业报》3月24日报道《核电发展须将安全放首位》，《中国电力报》3月22日《发改委：未来五年我国将合理有序发展核电》的报道，等等，各媒体从各自的背景、立场出发，对核电风险相关讨论予以呈现、再定义并加以传播。

三是专家分歧对风险信号的放大。核电技术的专业性使得专家最具发言权，也本应具有更强的权威性，同一领域不同组织机构的专家持不同观点也很正常，不论科学界、商业界还是政府部门的专家对待核电风险的分析和判断脱离不了其专家身份和所在组织的利益立场。但由于中国科研机构管理体制、国有企业管理体制的特点使得在以往核电发展问题上这些机构的专家立场基本一致，但福岛核事故后，专家内出现了不同声音，对当时正处在核电风险担忧中的社会舆论有放大作用。因为，专家之间的分歧争辩容易加重公众对真相的不确定感，增加公众对风险是否真的被认知的疑虑，并可能降低官方发言人的可信度。如果公众已经开始产生风险恐惧，那么他们很有可能对专家之间的分歧更加关注。① 福岛核事故后大多数专家言论仍与政府决定保持一致，如在当年5月份能源研究会组织的"福岛事件对中国核电发展启示研讨会"上，专家普遍认为中国核电发展必须把安全放在第一位，对所有核电站进行安全检查和评估，并表明"在确保安全的基础上高效发展核电"②。中国科学院、中国工程院"两院资深院士"在"核能发展问题"研讨会上也认为我国与西方国情不同，我国核电在能源中占比比较小，在核电政策上不宜大起大落，应该保持相对稳定性。③ 但与此同时，某中科院院士直接发出"中国核电搞大跃进，根本不顾安全"的言论，并质疑福岛事故后大多数核能专家关于中国核电站比福岛安全的观点，还提出做能源的是为其集团利益着想，明确表示反对内陆核电站项目。④ 这种言论在当时与公众认为专家都是与某集团利益有千丝万缕联系的普遍认知有一定的契合性，导致一时间"反核、恐核"的情绪出现波澜。专家的这种分歧性的观点放大了风险信号，使中国核电安全问题及发展政策问题引起更多的关注以及对背后的各主体立场博弈的更多猜想。

四是核电企业立场明确的接受与传播。组织的结构、功能和文化之类的因素会影响到风险信号的放大或者弱化。即使机构内部的个人也不会简单地追求自己的价值观，他会根据所在组织的价值观念去认知解读风险、风险问题以及处理风险。作为国有企业对中央政府的决定一定是赞成执行，但又有自己企业的利益立场，因此，核电企业领

① ［美］珍妮·X. 卡斯帕森、罗杰·E. 卡斯帕森编著：《风险的社会视野》（上），童蕴芝译，中国劳动社会保障出版社2010年版，第89页。

② 《专家：福岛事件警示要在更安全基础上高效发展核电》，新华网（http://news.xinhuanet.com/2011-05/12/c_121409711.htm），搜索时间：2015年12月28日。

③ 李大庆：《两院院士：核能发展政策不宜大起大落》，《科技日报》2011年5月23日第1版。

④ 《院士批官员有点傻：中国核电在搞大跃进根本不顾安全》，凤凰网（http://finance.ifeng.com/news/20110609/4125487.shtml），搜索时间：2015年12月28日。

导人或专家通过媒体表示一定落实核电站运行检查之外，会强调企业一贯严格执行安全标准并表态本企业在运在建核电是安全的，不受日本福岛核事故影响以及不会发生福岛那样的事故。如中核集团某领导认为国务院作出"四条决定"是"负责任的态度"，并坦言在核电发展速度很快的情况下，该政策对需要不断深化核安全认识也是一个提醒。核电企业一员工认为国务院作出暂停审批的措施只是临时性的，根据国务院会议决定，核安全规划出台以后，就可能重新启动新的核电项目审批。[①] 中国核能行业协会网刊部负责人在媒体采访时也认为"谈核色变"大可不必，因为中国核电站建设的"门槛"比较高，高于世界平均水平，并表示中国核电发展速度不减。[②] 而中广核电集团某研究中心一负责人认为公众无须恐慌，大亚湾核电站选址、技术、设施都比福岛核电站安全，极端情况下也不会出现福岛事故的后果。[③] 尽管中国核电企业是国有性质，但毕竟有其行业、集团利益，因此，其推动核电发展的目的以及确保核电安全的能力往往被公众质疑。

三 风险信号的衰弱及转向

随着"国四条"的实施落实，核电风险的讨论热度趋于下降，风险信号减弱并转向。社会各方仅是强调确保安全条件下发展核电，更多的是对于实质性重启核电的呼吁、第三代核电技术的安全性以及企业、地方政府为推动核电项目所做的努力。而公众也因福岛事故的远去以及惯有的思维对核电安全的关注度逐步消减，浏览当期在线论坛以及调研中发现不少公众对核电站建设都抱有"无论赞成与否，建不建都是高层的一句话"态度。因此，核电风险信号随着核电重启的前奏发生了转向。

一是"国四条"落实弱化了社会核电风险感知。福岛事故后国务

① 《投资高达数千亿：60余核电机组"冷冻"待处》，《21世纪经济报道》2011年3月18日第17版。
② 《中国核电坚守安全高效方向》，《中国企业报》2011年3月18日第1版。
③ 《大亚湾核电站比福岛安全可靠》，《东莞日报》2011年5月22日第1版。

院作出的安全检查等四条决定，国家有关监管机构和核电企业就着手检查和自查，最终得出"在运和在建核电项目安全有保障"的结论，缓解了社会对中国核电风险的担忧，弱化了人们的核电风险感知。从2011年4月开始，国家能源局、国家核安全局、中国地震局等部门牵头进行核电站安全大检查，首先对在运核电站进行检查，从广东大亚湾核电站到江苏田湾核电站。然后对在建的核电站进行检查，从福清核电站到方家山核电站，历时9个多月时间对全国41台在运、在建核电机组，3台待建核电机组以及所有民用研究堆和核燃料循环设施等，进行了综合安全检查，检查完之后起草报告并上报国务院。2012年5月31日，国务院常务会议同意向社会公布《关于全国民用核设施综合安全检查情况的报告》和《核安全与放射性污染防治"十二五"规划及2020年远景目标》并征求意见。[1] 检查认为国内在建和在运核电厂基本符合国际原子能机构规定的和我国现行的核安全规划的标准，风险受控，安全有保障，但也发现一些问题，对此相应部门和企业马上组织改进并提出整改措施。这样的结论安抚了社会公众由于福岛核事故引起的对中国核电风险的担忧，这份报告也被外界称为暂停核电项目审批的大门半开的信号。

二是核电企业及其专家呼吁强化核电发展信号。全国安全大检查告一段落以后，一直强调核电发展的核电企业和大多数专家，更具备了呼吁发展核电的底气。在2012年2月底，中国几大核电企业召开恳谈会，这场会议被业内人士解读为核电项目审批开闸的一个重要信号。其实，从"国四条"出台以后，就有业界专家发表有关"核电重启"的看法，认为是否重启，关键就看"国四条"能否完成，并表示如果国务院部署的四项任务完成，就能开始核电项目审批。[2]2012年"政府工作报告"提出"要安全高效发展核电"，当年"两

---

[1]　2012年5月31日，国务院常务会议（http://www.gov.cn/ldhd/2012-05/31/content_2150023.htm）。

[2]　《一场核电之争》，《中国工业报》2012年3月13日第A03版。

会"上，更使得核电企业界及相关人士陆续释放核电重启的积极信号。如国家核电技术公司董事长王炳华在此期间的记者会上公开表示自己的判断，认为中国政府会在 2012 年或本年更早的时间恢复核电项目的审批。并称中国发展核电过程当中，没有搞"大跃进"，也绝不会搞。① 针对"四条决定"中第四条"《核安全规划》通过之前暂停核电新项目审批"，相关部门也在积极落实，业界和专家也在努力推动国务院尽快审核通过。国家能源局钱智民在"两会"期间表示，由核安全局牵头编制的《核安全规划》已经上报国务院审查，而能源局编制的《核电发展规划》还在走程序。② 中国核能行业协会研究室主任郑玉辉 2011 年 6 月份也表示安全检查已经结束，中国的既定核电发展方针不会改变。安全大检查结束之后，行业及其专家对重启核电的呼声高涨，强化了核电发展的信号。

三是地方政府力促核电为核电发展信号扩音。在地方政府层面上，与风险相联系的经济上的好处使其成为弱化风险的一个重要源头。核电所在地的地方政府出于地方经济发展"政绩"考虑，力促核电大项目进展顺利，为了争取核电项目，地方政府倾向于给当地公众算"经济账"，强调带来的经济效益，电力投资公司出于自身利益也会和地方政府在促使项目落地上结成"同盟"，有意无意地隐瞒核电站的潜在危险，即以"利益"遮蔽风险。通过梳理 2012 年各省及部分地方政府工作报告发现，只要涉及核电项目的，基本表述是"推进一批核电等能源项目"，"争取＊＊核电项目获得国家核准"，"推进核电、风电、光伏发电等新能源项目建设"，"加快推进＊＊核电站一期等续建项目"，"做好＊＊核电、＊＊核电项目前期工作"，"重点推进＊＊核电站等项目"，等等，"争取""推进"表达了地方政府对核电项目的期盼和热切，由于核电项目投资比较大，建设周期

① 《我国核电发展绝不会搞"大跃进"》，《人民日报》2012 年 3 月 11 日第 9 版。
② 《两会委员强调：我国能源问题十分突出，不会放弃核电》，中国广播网，2012 年 3 月 11 日。

长，地方政府往往以拉动当地经济发展、刺激就业、带动相关产业等造福当地百姓的想法而对其全力争取支持，这种趋势和劲头扩大了发展核电的呼声，增强了发展核电的信号。

四是核安全规划通过明确核电重启信号。伴随着《核安全规划》和《核电发展规划》的审查通过，标志着国务院"四条决定"的全部完成，先前福岛事故及国家核电政策调整后形成的核电风险信号转向，而核电重启、发展核电的信号逐步显现。2012 年 10 月 24 日国务院常务会议讨论通过《核电安全规划（2011—2020 年）》和《核电中长期发展规划（2011—2020 年）》。这条消息被评为 2012 年"影响中国十大能源新闻"，这两份文件被认为是中国核电重启的重要依据。同时，国务院会议还强调，安全是核电的生命线，要求用最先进的成熟技术、加强安全管理、提高核事故应急响应能力以及加强社会和舆论监督来确保核电安全，并表示"十二五"期间不安排内陆核电项目。[①] 在政府主导的国家，政策的引导作用更强，因此，福岛事故后政府"四条决定"使得中国核电安全大检查全面铺开，人们极大关注中国核电风险是否可控，到两份文件的被通过，业界和社会转向对核电技术能否突破以及内陆核电的争议上。

第四节　中国核电风险社会建构的特点

从上述中国核电风险社会建构的时序分析和过程分析来看，中国核电风险的社会建构模式及特点与第四章分析的美国、法国、日本几个西方国家以及深受西方文化浸染的中国台湾地区不同，有其政治制度、历史文化、特殊国情等因素影响的中国特有的社会建构特点。社会建构本身就具有动态性、过程性以及由于社会相关主体的参与建构而呈现的互动性、利益关联性等特点，核电风险的社会建构就是利益

---

① 《国务院通过核电规划　明确"十二五"不安排内陆项目》，国务院新闻办公室网站，2012 年 10 月 25 日。

相关方在社会、文化、历史背景下经由特定方式互动、协商、博弈的过程。因此，从社会建构主体、方式、内容三方面来比较上述国家和地区核电风险的社会建构特点的不同，在此基础上，总结梳理中国核电风险的社会建构模式及特点。

一　社会建构主体

核电在上述几个国家或地区的能源战略地位和其技术特点决定了核电风险的社会建构主体大多都是政府、企业、社会媒体、公众，但彼此的建构比例、力量不同。首先，中国核电风险建构主体中公众的力量是逐渐出现的，是随着民主政治发展和新媒体出现使得公众的建构强度不断加大，打破了原来政府、企业在核电发展方面强势的话语权和绝对的决策权。而其他国家和地区公众的建构力量一直都在。其次，中国、法国、日本的政府建构力量比较强，在核电发展过程中的作用强势，但法国政府更为主动地与公众沟通核电风险并以完善公开的核电管理体制和成熟先进的技术确保安全，规避风险，而中国政府在面对公众核电风险质疑方面显得被动，日本政府更是弱化核电风险，美国和中国台湾地区的决策层力量往往与社会力量均衡互动或者弱于社会力量。再次，媒体的力量也不同。相对来讲，中国媒体建构力量虽强，但不如上述国家和地区的媒体能更多元、中立地反映社会各界的声音，而是更倾向政府立场，尤其是传统媒体弱化核电风险的表现比较突出。

二　社会建构方式

社会建构视角下的风险知识是由社会各方相互交流与利益相关者的立场偏好及经验塑造形成的，对风险的建构应该是专家、社会团体、利益相关者和公众都有平台和空间参与，才能形成对风险较客观理性的认知。相比上述国家和地区来说，中国社会团体、公众在核电发展中缺乏参与，更谈不上对核电风险的建构，主要认知来自于政府、专家、企业及其通过社会媒体的科普宣传，是一种单向的告知，并且他们的建构语言是技术的、理智的，也是模棱两可的，这种思想动员、体制权威的建构方式在零核电时代比较普遍，但随着公众个人权利意识的苏醒及政治文明的发展，政府、专家、企业的建构方式发生了转变，由宣传、单向告知变为沟通、协商，核电相关信息逐步由遮蔽到公开，由语言上承诺安全转为行为上加强监管、提高应急能力确保安全，即从命令—服从式的强势建构逐步到沟通协调的柔性建构的转变。

三　社会建构内容

在对全国 13 个省份的核电企业和地方政府主管核电工作人员的问卷调查的结果表明，中国核电风险社会建构内容上是重安全轻风险的。问卷中一项内容是"您在和公众沟通时主要的沟通内容有"，在所有选项中回答"核电安全性"的占 96.3%，"核电风险点"的占 43.2%。此外，由于各个社会建构主体往往通过媒体对核电风险进行建构，因此，从媒体上报道来看，与上述国家和地区的媒体多元呈现核电议题甚至放大核电风险的报道不同，中国媒体多强调核电优势、安全等内容。在中国，核电作为相对敏感的话题，很少在公共领域中被媒体广泛讨论。大众媒体承担着传播知识、满足公众知情权等社会功能，但从公众对核电相关知识的缺乏、日本福岛核事故后出现的"抢盐风波"就能看到媒体在这方面报道的贫乏。作为党和政府"宣传喉舌"的传统媒体更不倾向于报道与核电有关的负面新闻，可以说，中国核电风险长期被媒体弱化。不过，日本福岛事故后，部分媒体对核电风险的报道不再讳莫如深，不仅顺应社会热点强调核电安全问题，还对其牵涉到各方利益之争的议题进行报道。但由于对媒体宣传的管制、雾霾环境污染的压力、传统能源的限制、全球核电的复苏等使得近几年媒体呈现出安全发电、核能发电必然趋势的内容。

四 小结

之所以存在这些不同主要缘于中西社会文化的差异，不同国家和地区不同的政治体制、核电管理体制。美国、法国是典型的西方文化国家，而日本虽然也受中国儒教影响但其实行西方资本主义制度一直被划为西方国家，属于东西文化兼容的国家，中国台湾地区以中华文化为主体，又融入日本和欧美文化呈现多元文化风貌。西方文化的自由多元培养了人们竞争、重视个人权利、契约等社会意识观念，形成自组织社会，并且国家服务于社会，西方文化影响下的国家里社会力量比较强，媒体、公众、社会组织建构核电风险的空间较大。而中国受儒教影响形成如社会学家梁漱溟所说的伦理本位社会，儒家社会文化缺乏对抗国家权力的传统，并把社会融入国家之中，就缺少社会自治机构成长的土壤，国家高于社会，使得人们更多尊崇权力而忽视个人权利，政府的主导意识就强，在核电风险建构上拥有公共权力的政府、拥有经济资源的企业作用比较强势。但同是西方文化的美国、法国由于政治体制不同也表现出不同的建构特点，美国是移民国家，思想更为自由开放，是典型的民主共和制，而法国历史上经历过封建复辟，民主、封建思想并存，属于半总统半议会制的共和制国家，不乏集权色彩。因此，在核电风险社会建构上，中国、法国、日本都表现出政府建构推动作用比较强，只是因为国情不同建构方式、建构内容不同而已。

总之，中国核电风险的社会建构特点不同于美国的社会力量均衡式建构、法国政企合作强沟通式建构、日本政企结盟欺瞒放大核电风险等国家的建构特点，表现出政府主导下企业、专家强势发声以及公众力量仍然较弱的复杂建构特点，属于政府＋企业＋专家同向弱化核电风险的建构模式。

第六章　中国核电风险社会建构的案例分析

从纵向时序分析和横向过程分析抽象出中国核电风险社会建构的特点及模式，这些特点和模式往往具象到一个典型案例更能全面、鲜活地予以呈现。一个核电项目通过相关行政程序落户在一个区域并开展相应前期工作的阶段，是核电风险在该区域社会化过程的敏感时期，更是社会各方对核电风险认知、塑造、建构的集中表现阶段。本章所选取的江西彭泽核电的案例具有历经时间长、牵涉到利益相关者广泛、争议比较大并曾成为舆论漩涡的特点，伴随整个项目的选址、投资方确定、环境影响评价、申报批复、征地拆迁、前期工作开展等过程，核电风险的社会建构主体、内容、方式也在不断地变化，既表现出中国核电风险社会建构不同阶段的建构特点，也表现出后福岛时代中国核电风险的社会建构特点。本部分采用"过程—事件"分析法，以时间为轴，根据调研、访谈资料，描述再现事件的一步一步发展过程及其中各社会主体的建构表现。

第一节　彭泽核电项目概况

核电项目是核电技术与社会结合的具体表现，伴随着核电项目的酝酿、决策及落实，核电风险逐步被社会感知，同时也被社会塑造和建构。而被社会建构的程度、广度、强度不仅与核电技术有关，更与核电项目所在地的地理位置、人口密度、经济发展、文化观念以及利益相关方的复杂程度等社会因素有关。

一　地理位置

江西省九江市彭泽县马当镇境内的帽子山所在地就是现在彭泽核电站厂址的位置，北靠长江，南邻太泊湖。核电站厂址距马当镇约 8 公里，距彭泽县约 22 公里，距离九江市约 80 公里，距南昌约 170 公里。江西省位于长江中下游，彭泽县处于江西省最北部，即位于江西省与安徽省的交界处，马当镇在彭泽县东部，东边就与安徽东至县相邻，北边与安徽望江县隔江相望。在百度地图上，使用测距工具，测得帽子山到安徽望江县城的距离约为 12 公里，距望江县华阳镇约为 8 公里，距华阳镇 F 村约为 4 公里。一江之隔的两地居民来往密切，更有姻亲关系，一受访马当镇小卖部老板娘①谈道："这边有三分之一的人都是安徽的，还有三分之一本地的，剩下是外来的，马当乡 14 个自然村，其中 5 个大村都是我们安徽的，就是建核电站那个地方的 C 村、A 村、D 村、B 村、E 村。"

二　选址过程

选址就意味着官方发展核电决策实施的开始，选址过程就是核电一步步进入社会、进入公众视野的过程。江西省很早就对建设核电站很重视，1982 年就考虑能源结构多元化问题，成立了"省核电办公室"，组织专家对本省核电厂址进行踏勘，为核电厂址预选开展一定的前期工作，并设想 2000 年前后开工建设核电站。考虑核电用水需要，最初在本省范围内的长江、赣江沿岸以及鄱阳湖、拓标水库区进行规划选厂，前前后后一共踏勘了大概 20 多个站址，然后比较 20 多个选址后又从中选出了 6 处站址，之后再次选优，从 6 个选址中确定

---

① 2015 年 11 月 7 号下午访谈对象，因核电站搬迁的 A 村村民，早些年移居到乡镇。后面文中江西省范围内居民言谈均来自 2015 年 7 月 27—29 日、11 月 6—11 日九江市、核电企业、彭泽县、马当镇及 A 村、B 村、核电还建小区等地的调研访谈记录。

了3个，即彭泽县的帽子山、万安县的烟家山和进贤县的金鸡塘，认为这3个都是有很好建厂条件的站址，最终又从这3个站址中比较选出最优的，就是彭泽县的帽子山。并在1983年至1988年间，江西省先后三次组织国内外专家到现场踏勘，专家认为帽子山选址条件好，是一个理想的有前途的核电站厂址。[1] 1991年6月还邀请能源部核电预选厂址评审小组实地调查和考察省内三个预选核电厂址，评审小组考察后向能源部提交了"江西省核电预选厂址情况报告"，并建议委托有资格和有经验的设计院负责厂址前期工作，标志着彭泽核电候选厂址得到肯定。

马当镇一些居民也亲历了核电厂选址过程，在他们的记忆中，核电选址可能更早，一位52岁转业军人说："小的时候都听说这儿建核电站，这都几十年了，70年代都有九江地质队的飞机在侦查。"另一位帽子山附近A村原村党委书记说："70年代就有飞机在上边飞，后来兰州那个厂的也来，我还给他们带路到帽子山，一九八几年、九几年连续不断，几家公司来考察，有鲁能公司，还有外国人来，也有专家组，两三个人来看看地形的。九江916地质队，兰州核电研究所都来过。三番五次勘察，结论就是地质条件比较好，帽子山90米高，一面是江，一面是湖，地理位置好，是难得的。"

三　项目推进

开展彭泽核电前期工作，厂址勘验、初步可行性研究、地质等技术评价、环境影响评价等环节，参与方从最初官方到官方、专家、第三方评估方、公众参与等范围不断扩大，社会影响也不断扩大，核电技术和核电风险的社会化程度在不断加深。

一是进入国家核电中长期发展规划。1984年，江西省曾两次向国务院报送请示，要求建设核电站。1992年，江西核电站被列入国

---

① 清华大学核能技术研究所、清华大学能源训练中心编：《能源规划与管理》，清华大学出版社1994年版，第122页。

家核电前期工作计划项目，国家能源部开始安排核电前期工作费用。纳入国家计划以后，江西省把核电站初步可行性研究委托给上海核工程设计研究院来承担，并于当年编制完成《江西核电厂初步可行性研究报告》，1993 年，江西地质矿产勘查开发局按照上海核工程设计院提出的有关核电厂初步可行性阶段地质工作要求，对帽子山候选厂址进行地质调查和区域稳定性评价，编制了地质调查报告并于 1994 年通过电力部、国家核安全局专项审查验收，① 1996 年完成厂址地震等专题报告。原电力部会同核工业总公司于 1996 年对《江西核电厂初步可行性研究报告》进行审查，之后由于江西省电力供应一度盈余，核电项目于 1997 年暂停。2004 年又被提上议事日程，上海核工程研究设计院把帽子山和烟家山厂址复核报告提交给由电力规划设计总院牵头的相关各界专家审查并获得了通过，完成了核电厂址复核工作。2005 年 4 月，向国家发展改革委员会上报了《江西核电一期工程项目建议书》。2008 年彭泽核电纳入国家核电中长期发展规划。②

二是组建公司。彭泽核电纳入国家核电发展规划以后，江西省积极寻找投资方，推进项目建设，由于中国电力投资集团公司（以下简称"中电投"）早在 2003 年就在江西成立了分公司，组织、人员有保障，江西省政府于 2005 年 9 月 25 日授权省发展改革委员会与中电投签署了《建设江西核电一期工程协议书》，意味着江西彭泽核电选择了中电投作为投资开发方。2007 年 12 月 19 日，中电投专门注册成立了江西核电有限公司，负责彭泽核电项目的建设、营运和管理等工作。2009 年 3 月 19 日，中电投集团经江西省委、省政府同意，宣布中电投江西核电有限公司由三级单位升格为二级单位，指挥部迁至九江，标志着彭泽核电项目进入实质性的实施阶段。2009 年 10 月 28

① 熊云松：《江西核电厂两个候选厂址地质调查与区域稳定性初步评价》，《江西地质》1996 年第 3 期。

② 任德清：《建设江西核电安全中经济社会可持续发展服务》，《江西能源》2009 年第 1 期。

日，中电投集团公司（央企）、江西赣能股份有限公司（国企）、江西赣粤高速公路股份有限公司（国企）和深圳南山热电股份有限公司（中外合资）四家投资方在北京签订《江西彭泽核电项目公司出资协议》，四家股东出资比例分别是 55%、20%、20% 和 4%，共同出资组建江西彭泽核电项目公司。

三是开展环境影响评价工作。环境影响评价作为重大项目建设审批的前置程序，旨在预防规划和建设项目实施后对环境造成的不良影响，实现经济、社会和环境的协调发展，其实施过程就包括项目公告、公众意见调查等环节。因此，环境影响评价是规划和建设项目的相关内容向社会公开、与社会互动以及社会因素产生影响作用的进一步深化。根据九江市政府官方网站的信息公开显示，《江西彭泽核电厂一、二号机组环境影响评价公众参与信息公告》发布时间是 2008年 2 月 25 日，公告内容主要包括项目建设相关内容和公众参与情况，其中公众意见调查开展两次，第一次是在 2006 年 11 月 27 日至本年的 12 月 14 日，由核电厂筹备处和当地政府共同组织并经市环保局监督，采用问卷调查的方式进行。调查范围包括厂址周围公众和项目建设相关利益方代表，发放问卷 500 份，回收 498 份，调查结果显示，96.99% 的人对项目建设表示支持，88.96% 的人认为对环境无影响，93.98% 的人认为核电是一种清洁安全的能源。公告对第二次公众意见调查时间、形式进行安排和公示，其中环境影响报告书查阅时间为 2008 年 2 月 25 日至 3 月 7 日，问卷调查的起止时间为 2008 年 2 月 26 日至 3 月 9 日，发放问卷 500 份，并根据反馈意见选举公众代表在 3 月中旬召开座谈会。① 调研中，江西核电公司人员说一共进行了三次公众意见调查，都是发放 500 份问卷调查，第一次和公告中一致，第二次是 2008 年 2 月 25 日至 3 月 15 日，支持率是 98.19%，第三次是

---

① 九江市政府网站信息公开页（http://218.65.3.188/gddt/gggs/200805/t20080515_772.htm），搜索时间：2015 年 12 月 29 日。

2010 年 1 月 18 日至 19 日，支持率是 100%。① 2009 年 3 月初，《江西彭泽核电厂厂址安全分析报告》《江西彭泽核电厂环境影响报告书》两个核电前期最关键的报告获得国家核安全局第一次核安全与环境专家委员会通过。② 国家环保部、国家核安全局分别印发了《关于江西彭泽核电厂一期工程一、二号机组环境影响报告书（选址阶段）的批复》和《江西彭泽核电厂一期工程一、二号机组厂址选择审查意见书》，同意江西彭泽核电厂一期工程一、二号机组建设。③ 江西彭泽核电厂预计 2009 年 4 月份破土动工。

　　四是移民搬迁。之前的以政府、企业、专家为主导推动的核电项目厂址选择、安全性评价和环境评价以及推动项目进展工作过程中，公众尚属被动性参与，项目前期程序性工作对当地尤其是厂址附近居民的生产生活还没有实质性的影响，但征地移民搬迁就涉及被征地拆迁居民的切身利益。为了实现江西"核电梦"，江西省从省市到县乡一直全力支持彭泽核电，在项目一期工程征地搬迁中被称为"创造核电建设上新的搬迁速度"。彭泽县核电办一主任介绍说："彭泽核电公司一共征地 3083 亩，安置房小区征地 260 亩，县里非常重视支持，对公司生活营地，减免契税。县里 2009 年 4 月 1 号开会动员，5 月 1 号（工程队）要进场开工建设，为如期交付净地，我们举全县之力，仅用了七天，搬迁 482 户，两个行政村（A 村和 B 村），七个村民小组，创建全国核电搬迁奇迹。"搬迁户 A 村一村民提起搬迁时说道④："2008 年之前没听说过核电。当时，村干部、工作组全都到我们家里来了，做思想工作，工作组是谁我们也不知道，有马当的，有县里

---

① 调研时间：2015 年 7 月 28 日。

② 江西省政府网站（http://www.jiangxi.gov.cn/xzx/jxyw/zwxx/200903/t20090324_118114.html），搜索时间：2015 年 12 月 29 日。

③ 中电投江西核电公司网页（http://www.jxnpc.com.cn/ReadNews.asp? NewsID = 133），搜索时间：2015 年 12 月 29 日。

④ 受访者介绍：A 村女村民，52 岁，两个儿女在外地打工，自己和老伴儿带小孙女在家，现住三层 200 平方米的核电还建小区安置房。访谈时间：2015 年 11 月 7 日上午。

的，按标准一口人 40 平方米，多的要补钱的，一平方米 560（元）
呢，高价的 800（元）。土地一次性补助，以后就没有了，一亩地先
开始给了一万五，后来又给了八千，总共两万三。（搬迁）没有障
碍，都说好嘛，社员到一起一说差不多，一个礼拜就搬完了，全部都
搬光了，好快的。社员也议论，现在都分开了，和 B 村的都打开了，
东一家西一家的，都不在一起啦。"现居住在马当镇的另一位 A 村村
民讲："开过多次社员会，工作组讲，动员移民，搞得很紧，好像马
上开工了，当时房子还没建起来，让老百姓搬出去租房住，政府出
钱，先出来，马上拆了，搞得那么紧张，一下子停了这么多年。小区
房子没建好，全部租房子，一征收就没那么近的地了，政府还给了来
回跑的路费，租了半年吧。"①B 村村委会成员说："B 村有 14 个小
组，核电 2009 年征地拆迁，科普、征地，持续一年多，拆迁户有 120
多户，500 人，都有补偿。真正拆迁大约一年，搬进小区两年，之前
政府出钱租房，因为施工队急着施工，安置房还没建好，还给 1 亩地
每年 300 元交通费，10 年的一次给。"B 村原村委书记说："2008 年开
始盖安置房，之前也租房，县政府下文，成立核电拆迁动员指挥组，
抽县直部门科级干部，村里也有几十个人，基本都支持，整体也是有
些麻烦的，因为面积、补偿标准、核对面积有争议，认为量少了。"搬
迁过程中的宣传、动员等活动增强了当地公众对核电项目的关注、认
知，其间一系列围绕补偿、安置房分配等利益纠结也增加了政府、村
委、企业、村民等各主体之间关系的复杂性。

四　项目预期

　　征地搬迁工作完成后，核电厂工程队进驻场地平整场地。按照规
划，彭泽核电厂拟采用 AP1000 核电机组，属于第三代核电技术，相比
第二代及改进第二代来讲，优势主要表现在采用非能动安全系统设计

---

① 访谈时间：2015 年 11 月 8 日下午。

技术，提高了安全性，简化了核电厂系统和设备，从建造成本来讲，缩短了核电厂建设周期。预计彭泽核电厂投资额 600 亿元，计划 6 台核电机组，布局 800 万千瓦容量，首期工程规划装机 500 万千瓦，建设 4 台 125 万千瓦机组，后期续建 2 台 150 万千瓦机组，总装机容量将达 800 万千瓦，发电量相当于 2009 年江西省发电量的总和。① 一期工程 2010 年开始浇灌第一罐混凝土，2015 年第一台机组建成投产，第二台机组 2016 年 6 月投入商业运行。

第二节　案例中核电风险的被遮蔽

彭泽核电尽管从 1982 年就开始选址、酝酿发展核电，但日本福岛事故之前，人们对核电知识知之甚少，对核电风险缺乏认知，认为是与自己无关的一种技术而已，很少关注，甚至不关心。在政府主导强势推进经济发展的过程中，核电技术与项目结合成了地方经济发展的重要推动力，在政府政绩、企业利润和专家利益驱动下，核电项目只被视为带来能源、减少碳排放、拉动产业以及税收等利益的"香饽饽"，而与这些随形而至的核电风险则被技术光环、利益诱惑、制度惯性、文化理念有意无意地遮蔽和忽略。

一　技术光环的遮蔽

由于中国是后发展国家，对技术的崇拜、对征服自然的成就感和生态环境保护意识的缺乏使得从一开始就不排斥核电技术，重视的是核电技术的应用及其带来的经济效益，很少考虑核电技术内在的风险，自然忽略意外事件的发生，而核产业链中不可避免地会有核辐射、放射性物质排放等影响人们身体健康和环境生态的风险问题。技术至上的观念根深蒂固，技术本身的风险只要没发生、没有高度可见

---

① 《二十七年"核电梦"即将成真》，《九江日报》2009 年 4 月 28 日第 1 版。

之前，往往是"隐藏的"，甚或在一些人心中是不存在或忽略不计的。对于江西省、市、县地方政府来讲，核电项目"新能源、高科技产业、绿色产业"等光环形象遮蔽了核电风险，从省到县乡都把核电项目视为高科技工程、生态工程，省领导以及相关文件都明确彭泽核电项目是鄱阳湖生态经济区"两核一控"的关键工程、核心工程、头号工程。谈到核电项目，彭泽县委一班领导人也满怀信心讲到："彭泽会形成一个具有较高技术水平、较强配套能力、较长产业链条、较大集聚效应的核电产业体系。彭泽为自己的城市发展塑造了一个新的金字招牌。"① 调研中，问起日本福岛事故以后对身边要建核电站是否担心时，一位当地村民讲："日本那个是50年代的技术，那是什么技术啊，现在都什么技术了，现代的技术根本就没事儿。"对技术的崇拜信赖心理遮蔽了核电风险的感知。

二　利益的遮蔽

追求利益是人类的天性，追求利益和发展效率的动因使得地方政府过于注重项目的经济效益，容易忽视负面效应和风险。江西省积极为发展核电建设选址、呼吁等一系列工作的最初动因就是"缺煤、少水电、无油气"的现实能源需求。据《江西省"十二五"能源发展专项规划》显示，江西省能源发展面临一次能源资源明显匮乏、能源自给率逐年下降、能源消费结构不尽合理等问题，发展能源远期目标着眼于清洁能源的普及，逐步形成以核能、太阳能为主的新能源供应体系，从根本上解决能源资源短缺问题。而所谓的地方能源战略往往是建立在快速规模扩张的经济发展思路上的，不可避免地带有"经济利益为先"的思维。被行业称为"印钞机"的核电站动辄投资上千亿，不仅盈利水平高，对地方经济拉动作用也非常大，争取到核电项目意味着地方税收增加、产业结构升级、带动房地产开发、改善基础

---

① 九江市文联编：《决战决胜 赶超路上的新九江》，百花洲文艺出版社2011年版，第80页。

设施、增加就业和经济总量等，这些实实在在的利益必然会"浮云遮望眼"，隐藏内在的核电风险，使企业和地方政府青睐核电项目。1984年，江西省就两次向国务院报送"要求建设核电站"的请示，彭泽项目获得"小路条"后省、市、县、乡各级政府鼎力支持，从相关会议和文件中不乏看到"举全省之力、举全市之力、举全县之力"的字眼显示对核电项目的迫切。《江西省"十二五"能源发展专项规划》中更是把核电项目描述为"省有史以来投资最多、涉及面最集中、带动地方发展性最强、科技含量最高、社会经济效益较好的项目"[①]。因项目拆迁的居民在争取利益的同时也无暇顾及核电风险，当时参与拆迁工作的一村支部书记说："村民不问核电知识，工作组也宣传核电安全，但（村民关心的）主要是补偿，以后的生计。"当地小卖部夫妇说："建起来经济上可能会好一点。哦，老百姓不知道那么多，就是不建核电，也是说生病就生病的。一亩地开始一万五，后来补到两万。土地变成了现金在腰包里装着。"利益对风险的弱化和遮蔽是显而易见的。

三　体制的遮蔽

在面对客观存在风险的核电项目，不仅核电高科技形象及其应用带来的利益遮蔽风险，而且整个核电项目运作所依赖的自上而下的科层组织体制、决策体制也往往对核电风险产生一定程度的遮蔽和隐藏。彭泽核电项目作为江西省决策和推进的重大项目，科层制对命令执行的惯性决定了市县乡不同层级的政府一定依次执行，并只会关注目标推进的效率而不会质疑和关注项目价值立场的是非对错。这种惯性也决定了科层制内部人员对体制纪律的遵从和忠诚，在他们心目中命令的执行只是客观中立的技术操作，这种技术化态度和内部忠诚导致其对工作任务的短视，工作只是例行操作，关注的只是命令的执行

---

① 江西省人民政府网站（http://xxgk.jiangxi.gov.cn/bmgkxx/sbgt/fzgh/fzgh/201205/t20120531_737744.htm），搜索时间：2015年12月18日。

完成，而不会考虑工作对象是人的问题。彭泽核电项目施工前夕，短短一周时间搬迁 482 户居民，就是科层制效率的体现，调研中一核电公司的员工就说："老百姓不愿意，自然有人摆平，只要一级一级压下来，（阻力）就能解决。"专注任务型的体制理念下自然不会反思核电技术的风险性，从省到乡村都是宣传核电安全性和经济性，很少提到核电风险。同样，科层制下的决策体制也是政府、企业、专家共同决策，三方在某种利益一致基础上也会在核电风险的认知上达成共识，更多地从"自身想要的结果"去论证决策的可行性，比如，江西省委在咨询专家基础上掌握江西省铀矿资源丰富，就决定发展核电，然后组织专家踏勘选址，选出符合建设核电站的厂址，进而着手建设核电站的一系列工作，并作为重大工程、重大项目推进，从1982 年到 2011 年福岛核事故之前整个决策及实施过程都是积极作为，预期的都是积极效应，而很少考虑客观存在的核电风险及其发生的后果。所以说，这种组织体制和决策体制一定程度上隐藏和掩盖了核电风险。

四　文化的遮蔽

一个地区的文化、人们的思想观念也影响对风险的认知。彭泽县村庄大多依山走势，或坐落在田畈等丘陵，或以堤埂为宅基地，到20 世纪 80 年代后期，村民多侧重于交通方便的地方居住，调研中也发现马当镇省道牛九线两旁周边村民迁居的较多，本地村民仍保留文化传统上的循规蹈矩、小富即安、追求稳定等特点，表现出尊重知识从而尊敬高学历者的言行，同时也有广阔天地下形成的粗犷、憨厚的性格。在这些文化因素下，他们面对政府推动的核电项目更多的是服从，被动接受安排。核电技术性特点使得文化水平相对不高的村民对其一无所知，宣传单上的知识也无暇细看，即使听说核电有可能带来核辐射等危害身体的风险，也会因为没体验过、没发生而自动忽略。意识到核电有风险的村民也会在政府、村组织的强力动员、周边村民的多数行为、亲戚朋友的劝说下毫无作为。"搬迁动员中先做党员工作，党员干部家属先做工作，再有关系好的，亲戚家的先做。"一村支书谈起核电项目搬迁移民做村民工作时说。一核电公司员工说："只要跟老百姓说是国家决定的，老百姓能怎么样啊？反对也没办法啊。"马当镇上移动通讯店铺老板则说："马当离核电还有这么远嘛，不担心。再说啦，国家要建你有啥办法。"调研中，类似"反对也没用"，"不赞成又怎么样？国家要建的。"等等说法比较多，也反映了村民在面对权力的时候，更多的是选择服从。说到核电风险时，一位在彭泽县城中心广场摆地摊的中年妇女说："有的人把命看得很宝贵，我看得很开，有什么担心，倒霉的话喝口水还呛死人呢。"在这样的心理下，核电风险自然引不起重视，容易被忽略。马当镇及项目附近村民的文化观念显然遮蔽了核电风险。

第三节　案例中核电风险的被关注

中国自发展核电以来，一直保持良好的运行记录，没有发生过二级以上事件。基于这样的基础和核电技术的不断改进，企业、政府都是在"核电安全、核电风险可控"理念下推进核电项目的。因此，日本福岛核事故发生以前，对于彭泽核电来讲，省市县政府看到的是投资、税收、电力能源、地方经济总量的增加；投资企业看到的是利润；专家看到的是内陆核电的发展以及 AP1000 核电技术的应用；当地居民看到的要么是眼前的补偿，要么不关心，等等，在缺乏核电风险体验和经历的人们心中对核电的印象多是积极的一面，高科技、经济、安全、清洁等，联想到核泄漏、核污染等核电风险的比较少，核电风险一定程度上存在"被遮蔽"的现象。但 2011 年 3 月 11 日日本福岛核电站事故以后，日本当地居民撤离、核泄漏、爆炸等信息使人们意识到核电可怕的一面，彭泽核电所在地及周边社会各界开始关注核电风险，对核电恐惧、担心甚至反对的情绪形成并影响着风险的建构。

一　当地居民核电风险感知

日本福岛核事故让当地居民对核电这种特定风险从最初模糊、懵懂到有了初步的认识。在彭泽县、马当镇、A 村、B 村调研中，很多居民都是从日本福岛核事故之后开始关注身边要建核电站的事情以及认识到核电的可怕性的。马当镇牛九线省道旁一建材店老板娘就说："觉得还是不建（核电站）的好，听说对身体不好。建了有核泄漏，日本不是发生核泄漏了嘛。"一位村支部书记也证实了这种现象，他说："70 年代老百姓都知道要建核电，也没说什么，日本那个事以后，老百姓才议论核电危害性。老百姓也有些怀疑，到底安全不安全。"彭泽县政府机关一位人员说："通过科普，老百姓觉得并不可怕，老百姓只要觉得并不可怕，就能接受。2011 年（福岛事故后）也有新的疑问，（就担心）九江遇到地震了怎么办？"人们的风险体验来自这些直接和间接的经历，由于日本因为地震引起核泄漏自然会联想身边的核电站是否会有类似事故的发生，同样也会联想到以前类似的核事故，此时福岛核事故的体验会唤醒彼时切尔诺贝利核事故的记忆，加重人们的心理体验，对核电风险更加恐惧，一位个体服装厂老板（租用 A 村核电还建小区厂房）说起当地的核电站，就情绪激动地说："周边老百姓肯定不喜欢啊，拆迁的也不一定都同意。反正那个东西，日本搞过（核事故）都不喜欢了，还有俄罗斯，寸草不生。这东西不好，影响下一代。"如果说，之前只有个别质疑核电安全的声音，核电风险的感觉还是虚幻和模糊的，那么，福岛核事故以后当地居民的核电风险感觉就相对具象化，也就更加关注核电风险问题。

二　邻县民众对核电风险的关注

从前面所述核电项目的地理位置看，核电站厂址半径 10 公里范围内涉及安徽省望江县的一些村镇，在项目前期环境影响评价阶段，公众参与调查范围虽也涉及邻县，但条块分割的地方管理格局与项目管理体制决定了各项工作是以江西省域范围为主。因此，福岛事故之前，邻县对彭泽核电项目的关注比较低。日本福岛核泄漏所涉及的范围、核电风险的危害性引起了望江县对江对岸核电风险的关注。望江县华阳镇 F 村的一村民说："就在我们家对面，离得最近了，还是有危害，对江水有影响，但反对有什么用？一个人不同意也没用。"望江县法院一退休老干部讲："原来认识模糊，2011 年日本福岛事故引起警觉。"① 继而，福岛核事故也使望江县政协一退休老干部认为彭泽核电对望江影响很大，建议那位法院退休老干部进行调查，行文向中央及有关领导反映，请求停建彭泽核电项目。他们又约上另外两名退休老干部开展调研，到 2011 年 6 月在资料收集和考察基础上，形成《吁请停建江西彭泽核电厂的陈情书》上报望江县委、安徽省政府、省发改委、国务院，2011 年 11 月望江县政府在陈情书基础上行文《关于请求停止江西彭泽核电厂项目建设的报告》正式上报，文中不仅指出项目前期存在人口数据失真、地震标准不符、临近工业集中区、民意调查走样等问题，更表达了项目建成存在的风险，包括核电厂运行产生有害气体、液态污染长江下游的风险和核电第三代技术尚未使用经验、跨界核应急机制尚未建立等安全风险，表示望江县民众尤其华阳镇村民核电风险担忧普遍及反核情绪激烈。② 福岛事故后，邻县望江形成了从民间到官方对彭泽核电风险的关注。

三　网民核电风险言论集聚

真实发生的福岛核事故形塑了中国人的核电风险认知，一向言论空间比较自由的网络社会更是议论纷纷，原本潜在的反核力量开始显现。通过对百度贴吧、彭泽论坛等关于本案例言论的搜集看，针对彭

---

① 望江居民言论来自 2015 年 11 月 11—14 日望江县、华阳镇及 F 村等地调研访谈。
② 郭芳、黄斌：《望江人"反核"的三条路》，《中国经济周刊》2012 年第 9 期。

泽核电的担忧恐惧以及反对言论主要来自九江本地、邻省安徽以及长三角等地，都是本案例中核电站影响的范围，即利益相关者。时间主要集中在日本福岛核事故发生后的几天。如百度贴吧，长三角作者（119.139.23.＊）于2011年3月12日上午8：20发布"日本地震核电站可能有泄漏，江西彭泽核电就建造在长江边，一有泄漏长江下游就完了，长三角就没戏了……"对此贴回复反应的大都是江苏用户；安徽作者14日发布"彭泽对面就是宿松和望江，隔壁就是东至，看来安徽人民都要面对这个核电站了，看看日本这次，真的害怕！……"关注最多的还是九江，3月15日在对"彭泽马当镇核电站最新动态"帖子下面的回复中，网民（112.64.137.＊）说道："呵呵，懂点常识的人也知道，是绝对有辐射的呢，你看看这次的地震核电站的危害，如果没有核电站，会有这么多人受难吗？"名为"aerosteven"的网民则明确表示："强烈反对彭泽修建核电站！"网友（121.61.56.＊）回复："强烈反对建设彭泽核电站……不为自己，也得为子孙考虑～～～……不想让彭泽变成第二个福岛，甚至切尔诺贝利～～·不要被眼前的利益所蒙蔽～～～……"等等，而本地"彭泽论坛"里类似言论少一些，网民sunshine在3月16日发布："不怕一万，就怕万一。看看现在的日本，支持彭泽核电的人要不要反思了，不要和我说什么人家是二代技术，我们是三代技术，那又怎么样，三代技术就平安无事？"相对来讲，回帖量比较少并且观点分歧比较大。但相比福岛事故发生之前，尤其是事故刚发生后的几天内，态度明确地反对并言辞激烈的网上言论就比较多，对核电风险担忧区域范围也在扩大，核电风险被极大关注。

四　企业重视核电安全科普

作为只是开展前期工作的彭泽核电项目，其业主中电投江西核电有限公司主要与当地政府相关部门协调沟通，重点是突出本公司的资本优势、技术优势等。日本福岛核事故以后，面对民众核电风险担忧情绪和心理，核电公司在科普工作上转而重视核辐射、核事故等相关知识的普及，消除公众恐惧心理，也更加关注公众核电舆论，据马当镇居民讲："日本那个事以后，有人来问，是核电（公司）的，施工那个车子来，宣传车，他们来问意见。"梳理比较江西核电公司网站"核电科普"专栏内容也可以看出日本福岛核泄漏事故以后该企业对核电风险的关注。2009年科普内容主要围绕AP1000相关技术指标、标准进行宣传，只有一篇《核电站不会给周围居民带来有害影响》涉及核电危害；2010年只有两篇，分别是《我国为什么要发展核电》《什么是核电站》。而在2011年5月24日挂出连续十七期核电科普专栏，内容如表6－1所示，简单对其内容归类评价，可以发现4篇是关于核辐射、核事故内容，5篇从技术、物质角度保障安全。说明核事故引起的公众核电风险担忧也使得核电企业越发关注核电安全。此外，当年6月24日，公司联合彭泽县核电办，还在彭泽县中心广场举办核电科普展览来进一步消除福岛核事故导致的"恐核情绪"。

表6－1   江西核电公司网站核电科普专栏2011年5月24日内容统计

核电科普专栏	标题	归类、评价
第一期	时代呼唤核能	核电发展必要
第二期	核能发电原理	常识介绍
第三期	五种常见的核电站	常识介绍
第四期	压水堆核电站里为什么要用水	常识介绍
第五期	核电的优越性与核电站的三道屏障	强调核电安全
第六期	安全壳的重要作用	安全屏障
第七期	核裂变与核燃料	常识介绍
第八期	日常生活中的放射性	核电站辐射剂量小
第九期	核电站对周围环境的辐射影响	辐射影响小
第十期	一、二、三代核电的概念	常识介绍
第十一期	先进的AP1000技术	技术先进
第十二期	AP1000的成熟性和非能动安全特性	技术成熟安全

续表

核电科普专栏	标题	归类、评价
第十三期	AP1000 的经济性及模块化建造	技术经济性高
第十四期	AP1000 的先进设计与主设备特点	技术知识
第十五期	AP1000 在严重事故下的预防与缓解措施	技术保障安全
第十六期	国际核事故分级标准	核事故知识
第十七期	核电厂事故不同于原子弹	核事故知识

第四节　案例中核电风险的被放大

一个事件（或信息）被关注就具备了被放大的基础，因为影响社会放大的信息属性包括：信息的量、备受争议程度、戏剧化程度和信息的象征意蕴。随着案例中核电风险的被关注，有关彭泽核电项目的信息量在媒体上、在人们交流中暴增，邻县望江反对彭泽核电的持续多形式的抗争使之备受争议、戏剧化程度加深，福岛核事故赋予核电的象征意蕴使人们对彭泽核电浮想联翩。在望江质疑反对、相关方回应质疑、媒体关注报道、公众风险认知形成这个过程中，经过个体、公共机构、媒体等信息渠道和放大站对信息的接受、选择、认知、解读、再传播以及各个放大站主体之间的互动，案例中核电风险被放大。

一　望江陈情反对

望江县四位退休老干部的"陈情书"及县政府公文质疑彭泽核电选址、环评存在造假违规等现象，基于彭泽核电对望江带来的损失危害以及可能污染长江等环境风险请求停建彭泽核电项目，继而采取多种形式坚决反对核电项目上马。望江县对彭泽核电的质疑和一系列的反对言行措施对核电风险具有明显的放大作用，影响人们的核电风险认知。

一是"陈情书"的形成与影响。据其中一位老干部讲，从 2011

年5月份，他开始上网搜索、进行研究，6月份形成万言"陈情书"并获得另三位的一致通过。陈情书直接抬头就是呈送国务院领导，文中开篇提出"呼吁停建江西彭泽核电厂"的申请，接着介绍彭泽核电项目情况，内容主体是呼吁停建的三方面事实和理由，分别是选址评估：突破了好几道红线；环境影响：我们不能承受之重；安全分析：令人毛骨悚然。7月份，这位老干部把这份后附四位退休老干部署名的陈情书用快递分别寄给相关部委局负责人。并通过中国科学院院士何祚麻转呈国务院高层领导手中。① 望江"陈情书"寄送的范围之广、层级之高，必然伴随而至的是彭泽核电影响范围扩大，并成为焦点，受到来自中央、地方等各方的关注。2011年12月，望江四人又把陈情书电子版发送至《中国青年报》《南方周末》《南方都市报》《文汇报》等媒体邮箱，并决定向长江水资源保护局寄送陈情书反映情况。2012年初，又把陈情书上网，挂上当地第一人气、最有影响力的望江论坛。至此，随着陈情书网上网下影响力的扩大，文中对彭泽核电的质疑、担忧也随之扩散，核电风险被放大。

二是当地体制内的呼应与行动。陈情书不仅寄送中央级领导和部委领导，也同时上报省市领导，尤其是本地的机关团体与之形成互动，扩大了望江全县尤其是华阳镇质疑反对彭泽核电的舆论影响。在望江县调研期间，曾与望江四位退休老干部中的三位进行座谈。谈到当时"陈情"经过，一位老干部说："2011年7月初，政协退休那位老干部利用参加望江县'七一'党庆大会之机，向县委书记、县长通报了准备向上级'陈情'呼吁停建彭泽核电厂的打算，几日后把陈情书送交县委书记和县长，随之又将陈情书寄给安徽省、江西省、安庆市等省市领导。安庆市政协首先回应支持，将陈情书缩写版刊登到市政协调研室《社情民意》简报并报送省政协信息处。2011年8月份，江西省国防科工委及彭泽核电应急体系建设课题组人员到望江

---

① 彭峰、翟晨阳：《核电复兴、风险控制与公众参与》，《上海大学学报》（社会科学版）2014年第4期。

调研座谈，望江常务副县长参会并表态，反对核电厂选址离望江县城那么近，望江方面不配合提供核电厂应急体系建设需要的相关数据。江西国防科工办带队处长也表示很震撼，未料到望江方面反应这么强烈。本月望江县政府办召开由县发改委、工信委、安监局、科技局、华阳镇负责人参加的座谈会，我也应邀参会，会议决定以陈情书为基础起草行政公文，11 月以县长签发的政府公文形式上报省发改委、能源局、环保厅等单位，2012 年初政府红头文件由县科协人员放到网上。"① 这位老干部谈到政府此举时说："2011 年底陈情书上网，引起强烈反响，老百姓骂政府怎么不发声，让四个老人站出来。政府无奈情况下，把陈情书扫描上网。"这样体制内的呼应和行动促成了由四位退休老干部发起的民间行动和政府行动的联合，对当地民众彭泽核电风险的认知产生极大影响和塑造作用。

三是成立环保组织抗争与反对。体制内的呼应和支持使望江反对彭泽核电的声势上升至政府层面，但毕竟体制内组织的言行要受制于科层制规则和相关制度的约束，不似民间力量、社会民意活动空间更为广泛、某种程度上也更有力量，因此，2014 年 12 月，望江县成立了性质为民间公益性环境保护组织的环境保护协会。对此，参加座谈的一位老干部讲："后来觉得四老单打独斗不行，就成立环保协会，我们四个为发起人，现在会员 62 人，政府领导任会长，我们四个是市管干部，（担）任领导等审批成立不了，（所以）我们四人不在协会任职，不过指导开展工作，有两个村支部书记做副会长。（工作是）出专栏，在江对面贴墙报、出小报。"2015 年 7 月环保协会创办《禁核长江》期刊，发刊词中表明期刊主旨是引导民众深入学习贯彻新的《环保法》，护卫长江母亲河，反对长江核电厂重启，开展长江核电危害的科普宣传，介绍政府机构、专家学者、新闻媒体和广大民众反对长江核电动态，推进长江流域成为永久禁核区。在创刊号上刊

---

① 2015 年 11 月 12 日上午于望江县与三位退休老干部座谈，本章中涉及三位老干部言谈内容均来自本次座谈会。

登了陈情书和那位政协退休老干部在环保协会成立大会上的讲话。讲话分三部分："一是为什么要成立县环保协会？讲到是民众参与抗争的需要、是依法抗争的需要、是政府与民众协同抗争的需要；二是如何做一名好会员，讲到学习好反彭核理由、宣传好核灾难历史、遵守好反内核纪律；三是坚定信心，抗争彭核的胜利一定属于我们。"调研中问到环保协会的经费来自哪里，老干部讲由县里一些房地产开发商提供经费支持。至此，望江县质疑反对彭泽核电形成了不仅体制内外联动、上书中央更进一步组织化的局面，声势影响都进一步扩大。

　　四是反彭核宣传与效果。望江政府、政协等体制内反映彭泽核电问题的行为以及以四老为主和其指导下的县环保协会的一系列宣传活动在全县引起强烈反响，塑造和放大了当地民众核电风险认知。老干部自己讲："随着宣传、广告，原先百姓少数反对，现在都觉醒起来了。"在望江县城、华阳镇和 F 村调研中，发现四位老人"有口皆碑"，尤其是陈情书挂上望江论坛以后，几乎都知道他们反对彭泽核电的立场以及陈情书的事情并受其影响，当问到对彭泽核电的态度时，大多都是"当然要反对"类似的回答，再问原因，也多是回答"对我们望江不好"。望江县城一卖手机壳的女性受访者说："反对，论坛、网上、亲友讨论都反对，应该对环境有影响。从气象局那儿看到过，说不符合距离要求，退休职工搞的，反对。"一小卖部男店主说："应该反对吧，离这近，前几年还从那里过，见过，在学校宣传栏见贴过，说那是假材料。"而望江县图书馆一男性职工说："彭泽核电、东至那边要建核电站，原来搞调查，老百姓也不知道，老百姓只要没看到切实的危害，就无所谓。2011 年后，四老宣传后，还是反对的多，有污染嘛。自己觉得无所谓，主要 F 村那边离得近，政府方面没有公开回应，只是说把相关反映上报。"在望江县城开往华阳镇的公交车上，一华阳镇镇政府男性工作人员说："老百姓不太懂，可能在镇上问，大多不知道，F 村民可能知道多一些，个人认为，它本身都有危险，对长江水有影响，短期可能看不出来，长期是有害的，我们在下游。"在 F 村，村民更是异口同声，正在一村民家里打牌的男性村民讲到对岸核电站，说："那肯定反对，要死人，对后代不好。村里都反对。"其他人尤其是女主人都说道："四个老干部影响挺大的，让人敬佩，他们那么大年龄了，不是为了后代吗？核电站挺可怕的，从电视上、宣传栏上看到，四老来渡口做过宣传，村代表来发过传单，就是环保协会印的办的那个报。"可以看出，宣传栏、传单的影响还是比较大的。在望江中学旁边、F 村渡口我们也看到了他们所说的宣传栏，标题为"反彭核宣传栏"，共有"前言、核灾难、核危害、核欺骗、核抗争"五个板块，还贴有陈情书和政府"叫停彭泽核电"的红头文件。可见，这种宣传和影响对望江县尤其是 F 村村民的核电风险认知具有较强的塑造作用。

二　媒体集中报道

"放大"一词就是来源于传播理论，是指信息在从信息源向传输者传播并最终到达接收者的环节中，信号加强或减弱的过程。媒体是最重要的信息渠道也是最大的放大站。望江四位老干部的陈情书通过主动寄往相关媒体、上传网络以及在新浪微博发布等"媒道"① 的启动，引发了密集的媒体报道，使彭泽核电争议迅速从本地的舆论热点扩展到全国等更大范围的关注焦点。尤其是 2012 年 2 月望江县政府红头文件在新浪微博上发布以后，媒体的关注高度集中，掀起了彭泽核电的舆情热潮。同时，大规模的媒体覆盖不仅报道了本事件，也界定并塑造了事件本身，连篇的报道将公众的注意力从其他信息上挪开，转向彭泽核电的双方争议上，大量有关彭泽核电的信息会调动对特定核电风险的潜在恐惧，并强化对过往事故、管理失误、造假行为的记忆，扩大对某些事件或结果程度的想象。这样一来，媒体闻风而

---

① 望江四位老干部确定的反对彭泽核电厂三步走路线图，即官道（上书陈情）、媒道（诉诸媒体）、讼道（行政诉讼）。

动，集中报道放大了案例中的核电风险。

一是纸质媒体放大站。媒体对一件事情报道的角度、程度以及相关信息的过滤、解读除了满足传播规律之外，还与媒体的性质、管理体制有很大的关系。2012 年对彭泽核电和望江四位老干部采访报道的主要纸质媒体包括报纸和杂志，各媒体报道的标题、时间以及媒体主管单位、媒体性质如表 6 - 2 所示。

表 6 - 2   2012 年度有关彭泽核电报道统计

媒体名称	报道时间	报道标题	媒体性质或主管
《东方早报》	2012 - 2 - 8	彭泽核电之争赣皖两省千亿元投资博弈	上海市委宣传部主管的服务上海和长三角经济发展的综合日报
	2012 - 2 - 13	安徽拟在全国两会阻击江西彭泽核电厂要求停建	
	2012 - 2 - 21	彭泽核电引发内陆核电之争环保部连发三文谈核电安全	
《中国经营报》	2012 - 2 - 18	彭泽核电建设遭遇邻省阻力	中国社会科学院主管的经济类周报
	2012 - 7 - 21	彭泽核电套牢江西每天利息相当于一辆法拉利	
《市场星报》	2012 - 2 - 9	望江民间陈情停建彭泽核电厂	安徽出版集团主管的综合性日报
《海峡都市报》	2012 - 2 - 9	江西彭泽核电风险大安徽望江发文求叫停	福建综合性都市生活报
《每日经济新闻》	2012 - 2 - 8	江西彭泽核电厂建设起争端安徽望江县发文求叫停	成都商报主管的财经类报纸
	2012 - 2 - 9	江西核电厂被指以洗衣粉诱安徽村民做"无影响"表态	
《安徽商报》	2012 - 2 - 9	望江"上书"求叫停彭泽核电厂	综合类都市早报
《第一财经日报》	2012 - 2 - 9	核电争议双城记彭泽建设望江反对	三地联合主办财经类报纸

续表

媒体名称	报道时间	报道标题	媒体性质或主管
《河南商报》	2012 - 2 - 10	核电厂环评造假安徽死磕江西	综合类都市早报
《21世纪经济报道》	2012 - 2 - 11	安徽江西核电厂之争背后暗藏地方利益链条	商业报纸媒体
《中国能源报》	2012 - 2 - 13	彭泽核电站存留之争	人民日报社主办的能源产业经济报
	2012 - 3 - 15	彭泽核电央企力挺地方质疑	
《中国环境报》	2012 - 2 - 14	江西彭泽建核电安徽望江提出异议	环保部主管专业报纸
《时代周报》	2012 - 2 - 16	专家称彭泽核电采用技术未经认证中国或成世界实验场	政经类周报
《联合早报》	2012 - 2 - 17	安徽江西两县展开核电"战"翻开环保与经济抗争新页	新加坡发行的综合华文报纸
《安庆日报》	2012 - 2 - 17	彭泽核电质疑	安庆市委机关报
《潇湘晨报》	2012 - 2 - 24	彭泽核电之问核安全立法还有多远	综合类都市日报
《法治周末》	2012 - 2 - 29	彭泽核电项目引发核电安全之争	政经周报

从中可以看出，仅2月份就有19篇报道，媒体遍及上海、广东、福建、四川、河南、湖南等地方媒体和能源、环境等专业性媒体，但大多都是市场化媒体，报道内容也多围绕"陈情书"、展现彭泽望江两县争议。此外，《中国经济周刊》《新世纪周刊》《南方人物周刊》《南风窗》等期刊2012年也分别刊发了对此事及四位老干部评论采访的文章，更详细地对争议焦点、利益博弈的原因、各种复杂关系进行剖析评论。由于跨省媒体、专业媒体以及发行量大的权威期刊的影响力，也使彭泽核电风险在"陈情书"影响扩大基础上再一次被放大。

二是网络媒体放大站。网络上，网民会对涉及自身利益或自己关心的事件表现出超乎现实世界的关注和积极行动。网络的跨越地域、阶层等诸多限制和互动性、匿名性等特点都使公众更能自由地表达立场，并且网络媒体与传统媒体交互作用使舆情更易膨胀，传播更为迅速。自从望江陈情书和政府公文 2012 年初上网以后，彭泽核电争议舆情进一步发酵。网络媒体上关于彭泽核电争议的帖子也是集中在 2012 年，在新浪微博上输入"彭泽核电"进行综合搜索，结果有 443 条，粗略统计了一下，其中 2012 年大约 300 多条，转发和回复量最多的是新浪财经官方微博在 2012 年 3 月 6 日发布的"江西核电项目被指用洗衣粉换民调"一条微博，转发 1646 次，434 条回复，回复中多是质疑民调荒唐、恐惧核电风险、反对彭泽核电等内容。① 个人微博用户"星火淬鍼"在 2012 年 6 月 6 日发布"安庆人坚决反对！缺德！离反应堆最近城市不是 72 公里外的江西九江市，而是下游安徽的安庆市，只有 61 公里！而安庆市望江县城中心离反应堆只有 11 公里。"转发 348 次，88 条回复评论。在百度贴吧中输入"彭泽核电 & 望江"进行全吧搜索，共有 849 篇帖子，几乎都是"安徽望江县发文要求叫停江西彭泽县核电厂建设"的主题和回复。2012 年 2 月 8 日名为"安徽人都来顶啊"的吧主发布"安徽望江县发文要求叫停江西彭泽县核电厂建设，腾讯上新闻了顶起！"的帖子，收到 53 条回复帖。2012 年 7 月 11 日 21 世纪网报道"内陆核电博弈样本彭泽核电站进退两难"的文章，很多网站、论坛、微博转载，这种瞬间倍增的信息量、即时互动转载并随时加入讨论的便捷性等网络传播特点，使得网络媒体成为事件放大的"推进器"。

三 相关各方回应

望江方对彭泽核电选址评估、环境影响评价及安全性的质疑，彭泽核电相关各方自然要作出回应，望江方再回应，这样就形成了呼—应的回合。而一件事情有了相关方的不断互动回合，就增添了事件的戏剧性和被围观性，不仅有关的群体关注并不断挖掘与此事相关的各

---

① 新浪微博（http://weibo.com/1638782947/y8BYBlUJ3? type = comment # _ rnd145 3547147649），搜索时间：2016 年 1 月 10 日。

种细节，无关群体也抱着"看客"心理关注事件发展。更多人的围观、更多信息的呈现、更多细节的披露、更多关系的揭示等刺激人们更多的想象力，这个过程就是事件被放大的过程，核电站建设在人们心目中的象征意蕴本来就与核电风险紧密相关，该事件被放大的同时也放大了核电风险。

一是环保部回应。按照《中华人民共和国环境影响评价法》规定，核设施、绝密工程等特殊建设项目的环境影响评价文件由国家环保部负责审批，彭泽核电厂选址阶段的《环境影响评价报告》于2009年获得环保部评审通过。作为被质疑报告的审批行政主管部门，环保部安全管理司担任彭泽核电厂的项目官员于2012年2月8日作出回应，他认为，彭泽核电厂选址阶段的环境影响评价报告提供的材料符合环保部颁布的办法的要求，经过严格审批，没有发现问题。他表示望江县可能在人口、地震等问题上对核安全法规理解有误，并解释说，国家相关法规中有一套详细的区域人口统计方法，核电厂选址评估中的人口数量指标的统计并不是一个区域内人口的简单累计。关于地震标准问题，他说核电厂的地震评价非常严格，地震局和环保部都会基于严格的数据进行审批。对于公众参与是否造假的问题表示不了解无法判断。①

二是评估方回应。上海核工程研究设计院诞生于20世纪70年代，是受中电投江西核电有限公司委托的评估方，彭泽核电厂选址阶段和设计阶段的《环境影响报告书》和《安全性分析报告》均是该设计院编制完成。针对望江方面的质疑，上海核工程研究设计院在2012年2月下旬起草《关于江西彭泽核电厂有关问题的说明》并上报相关部委。文中分两部分对望江县政府《关于请求停止江西彭泽核电厂项目建设的报告》质疑的问题一一对应进行说明。人口数据方面与环保部回应一致，认为望江方理解有误，通行的核电厂人口统计不

---

① 《彭泽环评符合规定》，《海峡都市报》2012年2月9日第A02版。

是某区域所辖总人口；地震标准方面，认为"九江—靖安"断裂带不影响厂址安全性，厂址附近范围不存在能动断层；临近工业区方面，认为离厂址12公里的望江经济开发区和14公里的东至县香隅化工园均在筛选距离以外，并说明核电站不是与所有工业都不相容，只要符合核电厂安全要求，核电厂可以和其他工业共同发展；公众参与方面，说明按照规定，负责公众参与工作的主体是项目建设单位，即中电投江西核电有限公司，并说明核电公司开展的历次公众调查和结果，都是支持和认可的；液态气态污染方面，说明对下游饮用水无污染、对环境影响极其有限；安全应急方面，说明了厂址附近的望江县村镇满足核事故应急撤离要求。总之，认为原选址报告没有问题，研究设计院院长接受中国广播网记者采访时表示，已经作出的报告都是经得起历史、经得起科学考验的。① 上海核工程研究设计院所属的国家核电技术公司董事长也做了回应，他表示核电厂址是一个国家包括所有公众的共同财富，厂址的选择非常漫长。上海核工程研究设计院是具有多年核电设计和工作经验的，出具的报告和文件都是完全满足国家法律法规要求的，国家核电技术公司对国家、社会和附近的公众是非常负责任的。

三是投资方回应。彭泽核电厂建设单位属于中电投江西核电有限公司，而该公司是中电投集团的全资子公司，在面对望江方对彭泽核电项目质疑的时候，中电投集团总经理陆启洲在接受中国广播网记者采访时回应称，彭泽核电争议主要是利益之争，因为最初选厂址时先选定望江，但经过对比以后，发现彭泽核电厂址更优，就放弃了望江。并说一个核电站在建设中就产生税收，是属于地方的。并表示选址是公司选的，但核电整体规划是由国家进行的，核电厂址评审也是国家评审的。在2012年国家"两会"期间的政协记者会上，谈到彭泽核电争议，他说核电是一个关系国计民生的大事，有不同意见很正

---

① 《江西彭泽核电厂选址引争议　是利益之争还是环境之争》，中国广播网（http：// china. cnr. cn/yaowen/20120228_ 509215769. shtml)，2012年2月28日。

常，尤其是利益相关方，并希望媒体要客观报道，不要炒作。认为媒体报道民意调查时讲用行贿手段诱导望江老百姓填表是对当地老百姓的污蔑，并表示没有收买老百姓，所有的问卷调查，都会发放奖励，这是开展入户调查的惯例，无论是支持还是反对。针对媒体报道彭泽核电已经建起来的问题，他澄清说还在规划中，要求媒体报道要实事求是，尊重民意，尊重群众。[①]

　　四是彭泽各界反应。望江县政府及民间对核电项目的质疑反对言行在彭泽县域内也引起反响，彭泽县政府、乡镇和本地居民对江对岸的做法也给出评论和回应。调研中，彭泽县核电办工作人员讲："望江反对是利益之争，他们成立环保协会专门反彭核，不反对核电本身，把核电妖魔化，不是反核电是反科学。"县人大领导认为，彭泽核电项目存在使得望江县开发区建设规划受到影响，但表示核电项目选址并没有违反规定。[②] 2015 年针对望江县发布的《安徽省望江县县城总体规划（2014—2030）》公示，彭泽县认为该规划未考虑与核电项目对接，专门发了《彭泽县人民政府关于〈安徽省望江县县城总体规划（2014—2030）〉公示建议的函》，为加大核电厂厂址保护力度对其规划提出意见，并建议为推进核电项目双方建立沟通协调机制。据核电办人员讲："县长专门就规划之事去望江协调，他们不友好，准备很充分，把老百姓搬出来，其实是他们做的。我们把情况报给省委，也报中办了，积极争取。"彭泽县 B 村委会班子成员讲："望江反对，主要是利益之争，对岸想要一些利税的。"而该村原村支部书记曾参与过核电公司的公众调查，他说："搞环评，我带过去的，到望江，与 F 村支部书记沟通，环评、发问卷，出于怕耽误人家干活，给点心意，那边就说贿赂村民了。很多村都搞了，也到东至

---

　　① 《陆启湖：彭泽核电项目尚未开工　仍在规划中》，央视网（http://news.cntv.cn/20120313//06018.shtml）。

　　② 《安徽江西核电厂之争背后暗藏地方利益链条》，《21 世纪经济报道》2012 年 2 月 11 日第 3 版。

县，这边彭泽县，马当镇所有村都搞调查，安徽半径人也不少，老百姓也没什么反对，那边化工厂，更污染。"马当镇小卖部老板娘则说："望江离这里很近，反对也不是老百姓反对，建在哪里，对身体危害老百姓也不懂。"

五是望江再回应。对于上述核电项目评估方、投资方以及彭泽方的回应，望江四位老干部再次质疑和回应。2012 年 3 月针对这些回应再次"陈情"，把《江西核电厂必须停建》的署名文章呈报国务院领导及相关负责人，文中对人口数据、地震标准、选址、公众参与、利益之争、项目进展等方面进行回应，认为人口数据有变化，坚持厂址 10 公里范围内华阳镇有 105000 人；相关资料显示九江处在断裂带上并发生过地震；选址上厂址三面环皖，作为权益方的望江被剥夺了知情权；公众参与上望江比例太低；否认利益之争，认为是安全之争、环境之争、道德之争；场地平整、拆迁、投资几十亿元就表示已经开工建设。并在文中写道："他们身为国企高管，身为核电专家，为什么对广大民众的强烈呼吁充耳不闻？而把自己的脸面、自身的利益看得如此高于一切？而把民意、科学、道德看得如此的一文不值？让他们掌管一个重要行业，岂不要误国害民？"那位法院退休的老干部讲："针对舆论说安徽老百姓只反对江西核电而自己省却在上报核电项目之事，省长已经表态，安徽省决定不上核电。"并且在接受中国广播网记者采访时说，争议需要与核电项目没有利益关系的第三方进行调查，认为上海核工程研究设计院是彭泽核电雇佣作为前期提供技术支援的单位，不属于第三方，跟彭泽核电是绑在一起的。① 另两位老干部也分别讲道："不能以一己之私影响子孙后代，反对内陆（核电站），反对彭泽核电是明确的。""彭泽是损人利己，国家两个发文都违背，我有开发区，先有的，（他们）违背规定，还要对我们限制 5 条，可笑不？城镇规划，还要搬走，我们开发区，大型码头，

---

① 中国广播网（http://china.cnr.cn/yaowen/201202/t20120228_509215769_1.shtml）。

望江有 2000 年历史。"

四　技术风险担忧

核电安全的基础是先进、成熟的技术。彭泽核电拟采用的是目前世界上最先进的 AP1000 技术，但目前全世界还没有正在运行的第三代核技术建成的核电厂，也就是说在成熟方面还不具备，缺乏管理和操作第三代核技术的经验也使得人们对其心生忧虑，技术风险的担忧必然放大核电风险。

最先进的技术从理论上实现了安全保障升级的设计，极大提高安全性，但技术在现实社会的应用不同于实验室的环境，技术与社会的适应需要过程，新技术与操作者、管理者也需要适应过程，对其操作和管理需要在实践中积累经验。第三代核技术虽然比第二代核技术设计更先进，但设计再先进的技术也会存在缺陷，只是这些缺陷通常在现实运用中才能显示出来，一项新技术也只有在应用中才能不断完善。但 AP1000 核电设计还没有应用的先例，中国核工业集团一位原副总工程师就表示，AP1000 核电设计还没有通过认证，其新机型的成熟性、设计认证的完整和科学性及经济性也还需要进一步斟酌推敲。望江"陈情书"中表示中国有可能成为世界 AP1000 的实验场。中国工程院院士叶奇蓁认为，虽然目前世界上没有在运的应用第三代核技术的核电站，但任何一项新技术都要有人第一次使用，对没建设过的技术不放心、质疑是可以理解的，消除望江方的技术顾虑还需要专家们去沟通交流。[1]

第五节　案例中核电风险被建构的涟漪效应和影响

上述案例中核电风险被建构尤其是被放大以后，强大的舆论压

---

[1] 《彭泽核电之争 赣皖两省千亿元投资博弈》，《东方早报》2012 年 2 月 8 日第 A20 版。

力，推动事件漩涡影响力向四周波及扩散，引起大量社会各方行为反应，这些行为反应也会推波助澜产生次级效应，进而超越事件本身、地理位置、行业范围以及行政层级在更大范围内产生影响，其涟漪效应和影响表现在国家层面就是在内陆核电政策方面的调整、企业层面的利益受损、行业层面的内陆核电大讨论以及理论层面引发关于重大项目（核设施）决策程序中公众参与、跨界协调等问题的思考。

一　国家层面：核电政策调整

日本福岛核事故以后，中国作出了对所有在运在建核电站进行安全检查、抓紧编制核安全规划、核安全规划批准前暂停新核电项目审批包括开展前期工作的项目等决定，2012 年 10 月 24 日，国务院常务会议审批通过核安全规划，并对当前和今后核电建设作出"十二五"时期只在沿海安排经过严格印证的核电厂址、不安排内陆核电项目、提高准入门槛的三项部署，意味着核电项目审批即将开闸，核电发展实施更为严谨、稳妥、安全性要求更高的政策，尤其是内陆核电发展方面，作出了"十二五"期间暂不安排，也就是说内陆核电项目何时启动是个未知数。

其实，2008 年南方冰雪灾害暴露了内陆地区能源供应问题，对此，国家有意发展内陆核电，国家发展改革委员会一次批准了湖南中核桃花江核电站、湖北中广核咸宁核电站、江西中电投彭泽核电站三个内陆项目允许开展前期工作。日本福岛核事故以后，就出现了是否要在内陆建设核电站问题的讨论，望江对彭泽核电的质疑，通过望江政府体制内发文进行抗争以及四位老干部数次向上陈情，使彭泽核电这个内陆核电项目成为全国关注的热点，内陆核电项目在国家核电重启的"十二五"布局中"不安排"，这样的决策虽然是国家综合考虑、慎重选择的结果，但不能不说多多少少有些彭泽核电争议的影响。

二　企业层面：利益受损

从 2009 年开始，在获得允许开展前期工作的批准后，三家内陆核电项目就开始投资进行"四通一平"的前期工作，当地政府也在道路、拆迁安置房等方面进行投入，但主要是中核集团、中广核集团、中电投集团三个内陆核电项目的投资控股企业，前期投入都高达几十亿元，在国家作出"十二五"不安排内陆核电项目决策以后，还在继续做着核电公众沟通工作、维护场地以及前期成果等相关工作，也就是说还在继续投入，等待国家政策、等待允许开工建设的"路条"，但这些投入是否有打水漂的风险、何时能有回报、产生效益，企业也是不得而知。

对江西彭泽核电来讲，2015 年 6 月彭泽县政府在对望江县县城规划建议的致函中显示，截止到当时，彭泽核电项目累计投资已完成 38 亿元。此外，因为望江对彭泽核电的质疑，相比其他两个内陆核电项目，江西核电项目要在公众沟通、环境等问题上付出更多的成本。对企业来讲，不仅有前期投资损失的问题，还包括整体企业发展战略、公司人才队伍建设等问题也受影响。调研期间，看到江西核电公司每天还有几十个人坚守工地，按时上下班，但开工建设的遥遥无期显然影响了职工的精神面貌，因为停工他们中也有一部分职工分流到山东海阳核电项目。此外，一单位职工福利情况恐怕也与一单位的效益密切相关，在他们租住酒店旁边的小卖部老板说："他们 2008 年就来了，在信用社那边租房子。一开始也没 200 多人，最多有七八十人。每个月单位给他们的补贴，刷卡用不掉，就买东西。核电停下来，福利少一点，原来福利好的很；现在也不抽好烟，只买 20 块钱的烟。"职工福利的减少也反映了企业利益受损的事实。

三　行业层面：内陆核电讨论

望江县环保协会成立大会上，那位政协退休的老干部讲到，协会只抗争内核，其他环保方面的事不参与。由望江四位老人掀起的反对彭泽核电、内陆核电的舆论引发核电行业及其专家的回应和讨论。中国科学院何祚庥和国务院发展研究中心资源与环境政策研究所王亦楠明确表态支持望江县反对内陆核电站，而核能行业协会专家、核电企业专家以及行业主管政府相关部门负责人大多表示中国内陆核电安全有保障，支持建设内陆核电站。

中国工程院院士叶奇蓁坚定支持内陆核电建设，他认为从安全和环保要求来说，内陆、沿海核电站没有本质差别。国家能源部原负责人认为，不管在沿海还是在内陆建设核电项目都能做到安全发电，甚至认为内陆核电比沿海核电还要安全，理由是内陆不会遇台风和海啸、内陆地区比沿海发达地区人口密度小、沿海运煤便利，而江西、湖南、湖北建煤电厂不经济。并表示 AP1000 设置三个回路，只有第一个回路带有少量辐射，绝对不会留到安全壳之外。环保部一位核专家认为对于内陆核电有些水利部门不理解，怕水污染，并说即使在事故条件下也不会污染水系。中国核能行业协会一部门负责人对于彭泽核电站表示，属于内陆核电站，目前是最安全清洁的，但核电项目都存在一定的安全风险，遇到自然灾害概率上还是存在出事故的可能的，周边居民担心水污染也是有道理的。何祚庥院士认为有些专家所说的内陆核电安全性只是建立在理论层面的计算，并未经过实践检验过。内陆核电面临遭遇干旱风险且内陆核电风险事故后果严重，因此，强烈反对建设内陆核电站。王亦楠认为中国地震灾害严重、缺水，因而不能冒内陆核电之巨大风险。针对内陆核电争议以及湘鄂赣核电站均地处敏感的长江流域的安全风险，2013 年核能行业协会公布了《内陆核电厂环境影响的评估》课题成果，结论是选址、放射性液态流出物排放等与沿海标准一致，甚至比沿海标准还高，辐射不会影响环境和公众健康，下游水质可达饮用水标准。2015 年，中国核能行业协会又发布了内陆核电安全环境的研究成果，表示我国内陆核电厂的安全性是有保障的。

行业、专家的争议也牵动着社会舆论，学者、研究人员也开始从不同角度关注内陆核电问题，在中国知网上按"主题"输入"内陆核电"发现，2012 年以后也就是说望江质疑彭泽核电项目舆论高潮以来，研究讨论内陆核电发展问题逐渐热起来，如 2011 年福岛事故后也就是 43 篇，而 2012 年就达到 86 篇，接下来的 2013 年、2014 年、2015 年分别是 84 篇、82 篇、78 篇。随着社会舆论的发酵，民意的力量在内陆核电能否重启的过程中分量会越来越重，自然对行业的发展也有所影响。

四　理论层面：公众参与、跨界协调等问题

彭泽核电项目争议经过媒体广泛报道、相关各方互动回应随着时间的推移逐渐冷却，但争议过程中暴露出的中国核电项目决策过程中公众参与、重大项目中跨界协调等问题还是引起学界、业界以及政策制定者的思考。

核电项目因其特殊性，往往存在厂址选择、许可程序、运营管理等方面的信息公开不足的问题，公众参与相对比较缺乏。彭泽县建设核电厂引起望江县反对，反映出的是核电项目利益相关方对项目进展的知情参与问题、核电项目选址建设过程中的信息公开透明问题。目前，中国核电项目中的公众参与主要是选址到运行各阶段中的环境影响评价部分，实际执行中多是问卷调查形式，但在核电发展战略、核电项目决策方面还没有明确规定，尤其是前期决策、项目前期工作中公众参与不足可能会导致项目后期遇到公众质疑、反对等问题，会影响项目进展甚至被迫停下，案例中的核电项目选址从 1982 年就开始，经过了选址、项目征地、拆迁、环境影响评价等环节，30 多年后受到质疑反对，不得不让人思考期间公众参与是否得到保障？公众参与也是对核电安全的一个促进。因此，如何做到核电信息公开、保障公众参与到核电项目决策、建设中来，是核电企业、项目所在地政府应该思考的问题。

        彭泽核电厂址地处江西、安徽交界处，所在地与安徽望江县一江之隔，虽然地处江西彭泽县境内，但离望江县城比彭泽县城的直线距离还近。核电环境影响范围、厂址区域应急都涉及跨界跨省，目前，中国还没有像彭泽核电这样跨界的在运在建或拟建的核电站。核电厂址作为稀缺资源，会越来越少，以后可能会出现类似的靠近边界的情况。但现有的项目税收、土地、人口等管理是属地管理，核电项目前期工作开展涉及的征地、拆迁等就主要需要所在地政府的支持，投入运行后也是向当地政府交税，因此，核电公司往往会主动与本地政府沟通，而疏于与核电项目影响范围内其他地域政府沟通，本地政府也会积极支持。而相邻地区既在环境影响范围内，承担环境风险，地区规划也受限，核电公司也不主动通报情况，本地既不了解项目进展信息，也得不到实际的利益，必然产生"邻避效应"，可能引发地域争端，就如彭泽核电项目中的两县之争。因此，对类似重大项目，需要在利益相关方的地方政府之间、项目企业与地方政府之间建立沟通协调、信息共享机制以及利益分配机制。

第七章 建构中国公众核电风险认知的主要社会因素

核电风险具有社会建构性，不管是国家之间、地区之间甚至一个国家不同发展阶段，也会由于文化、制度等社会因素的不同而显示出不同的核电风险社会建构特点。核电风险被社会建构的过程也是社会认知的过程，正是各个建构主体基于对核电风险的认知彼此交流互动，形成社会建构场域，建构后的核电风险再被认知。所谓核电风险被放大或者被遮蔽、被弱化也是人们认知结果的综合表现。因此，人们对核电风险的认知、接受程度也是在一定社会结构、文化镶嵌意义下发展和形成的。正如狄波拉·勒普顿（Deborah Lupton）所说："各种社会、文化和政治过程建构形成了人们对于风险的认知、理解和知识，这些认知、理解和知识会随着行动者的社会位置和其所处的不同背景而有差异。"[①] 玛丽·道格拉斯（M. Douglas）和威尔德韦斯（A. Wildavsky）也认为，风险认知是一种反映价值、历史和意识形态的社会和文化建构。中国公众核电风险认知也是被反映价值、历史和意识形态的当地社会、文化和政治过程建构形成的。中国公众对核电风险知识了解少，也无对核电风险和危害有直接切身体验的经历，因此，对核电风险的认知多是以专家、企业、政府、媒体等建构后的风险知识为基础，被社会、文化、意识形态建构得更为明显。从以上对中国核电风险社会建构时序、过程分析以及彭泽核电风险社会建构案

---

① Deborah Lupton, *Risk*, New York: Routledge, 1999, pp. 28-33.

例来看，影响或者说建构中国公众核电风险认知和接受度的主要社会因素有利益、社会信任、媒体和社会结构。

第一节　利益

公众认知是直观的偏见和经济利益的产物。核电技术在客观上就存在风险，但同时也为社会带来经济、生态等方面的利益，专家、决策者之所以选择接受核电风险而利用核能发电，正是基于利益的考量。而核电站建设过程中出现"邻避效应"，也是因为项目效益为全社会共享而负外部效果或者说风险为项目所在地及邻地承担，是一种相比别人自己承担了更多的责任或风险而出现"不要建在我家后院"的心理，也是一种收益（利益）与风险之间衡量之后的反应。斯塔尔（Starr，C）也用风险—利益的方法解释社会或公众的风险接受性。斯塔尔认为，在一定范围内，风险的接受性随着利益的增加而增加，人们所能接受的风险程度大约是其带来收益的三分之一的水平，人们对于自愿承担的风险比被迫承担的风险的接受度高。① 因此，利益是影响公众尤其是核电项目附近公众风险认知和接受度的重要因素。

一　利益与风险

人们通常认为，利益与风险是一对孪生兄弟，是共存的。尤其在经济学领域，更是认为有多大利益就有多大风险，收益越多，风险越大。利益，简单来讲，就是好处，是人们为满足生存和发展对一定客观对象的各种客观需求。满足需求也就是说利益，是一切人类社会存在和发展的基础和动力。经济学家亚当·斯密（Adam Smith）认为，人的一切行为动机都是自身利益的满足，人都要争取最大的经济利益。政治学家马基雅弗利也认为，自私自利是人的行为出发点，无论

---

① Starr, C., "Social Benefit Versus Technological Risk: What Is our Society Willing to Pay for Safety?", *Science*, 1969, 165, pp. 1232–1238.

是个人还是组织都是如此，为了获得利益尤其是物质利益可以抛弃其他一切。马克思指出："人们奋斗所争取的一切，都同他们的利益有关。"① 正所谓"天下熙熙，皆为利来；天下攘攘，皆为利往"。对于个人来讲，利益包括物质利益和精神利益，物质利益为基础，所有能够提升自身生活水平和幸福感的事物都是利益，是人们在面临选择时考虑的首要因素。

决策就是做选择，人们在是否接受风险事物的决策中，利益因素是重要考量。人天生的自利心理、现有的经济状况决定其在面对一种风险时必然计算自己的利益得失，理性衡量的基础上认知风险、作出是否接受风险的选择。即便被誉为独立的专家，在牵涉到自身利益的时候也难免以自身利益为先。正如尼克·皮金、罗杰·卡斯帕森等人提出的风险的社会放大理论（SARF）所阐述的那样，风险专家在不涉及自身利益的时候，立场更倾向客观中立。一旦涉及自身利益，其专家角色会转换为利益相关者角色，他们的风险感知就更多的是从维护自身利益出发，通过主观放大风险感知来获得更多的重视，从而更好地维护自身利益。普通民众在核电风险认知和选择是否接受时也是如此。面对核电风险时，核电项目所在地居民如果得到基本满意的征地拆迁补偿的实在利益情况下会选择接受核电项目，而其附近大多民众要和他们一样承担身体健康、环境污染甚至核事故灾难的风险，而没有直接得到实际的利益，只是当地经济发展能源充足、国家整体碳排放降低等离自己相对较远的间接利益，这也是中国研究核电风险接受度的大多数学者得出一定距离外的公众核电风险接受度低的原因之一，也就是人们基于利益考量下对核电风险的态度。

二　利益分配与风险分配

受风险—利益意识支配，人们衡量利益、认知风险受整体利益分

---

① 《马克思恩格斯全集》（第 1 卷），人民出版社 1956 年版，第 82 页。

配和风险分配情况的影响，补偿心理会使得人们在以往分配中"少得利益多担风险"的状况期望以后类似的分配中得到弥补。如果得不到弥补，或者说获得的利益比较少，自然加重风险感知，进而排斥风险，不接受风险。

德国社会学家乌尔里希·贝克（Ulrich Beck）认为后工业社会充满由"技术—经济"（techno-economic）的发展所造成的现代化风险，人类已进入"风险社会"。工业社会的标志是消除短缺社会的物质匮乏问题，尽可能多地生产财富满足人们的物质需求，核心问题就是财富生产和如何分配财富，而后工业社会风险将取代财富，安全问题将取代财富生产问题成为人们考虑的核心问题，工业社会中与财富生产、分配相关的问题和冲突将被科技发展带来的风险生产、分配的问题和冲突所取代。贝克认为，风险分配的逻辑与财富分配的逻辑相反，财富通常在上层聚集，而风险在下层聚集。中国社会也是如此，当前中国处在工业社会和后工业社会兼具的阶段，尤其是农村，更是工业社会特征明显，而现代化的后工业社会也在逐渐渗透。核电站建设大多在沿海、临河等人口稀少的地方，就是多属农村所在地。也就是说核电项目所在地社会发展阶段多是工业社会与风险社会并存的状态，按照贝克的财富分配逻辑和风险分配逻辑，中国民众尤其是当地居民（村民）既是工业社会阶段获得财富少的群体又是风险社会中承担更多现代化风险的群体，面临以往利益分配中的少得和现代风险分配中过多承担的双重压力，使得共享发展成果、公平分配利益的需求愈发强烈，在面对风险分配时，期望更多的利益而排斥风险，产生不愿承担风险、不接受风险的认知倾向。

三　核电风险中的利益置换

技术风险由于技术鸿沟的原因，往往不被技术专家以外的人们清楚了解。面对核电风险，人们通常不会从科学技术的角度判断核电是否安全，而是首先判断该项目与自身的相关性，然后决定是否需要了解相应的风险知识，进而把风险与自己所能得到的利益作比较，采取利益置换风险的行为。贝克把核风险定义为不能以利益置换的现代风险，尽管从保险角度来讲，确实无法从核电事故发生概率来计算它的经济赔付率，但在人们的脑海中，还是会根据自己的常识、对风险的理解以及自己的利益诉求基础上进行计算和置换。不同的人基于不同的利益追求而对核电风险有不同的认知和置换行为，核电项目附近居民会考虑带来的就业机会、将来便宜的电价、征地补偿、居住环境的改善等利益；体制内人员会考虑因项目推进给本地带来的税收、对本地产业结构的升级甚或因该工作获得上级赏识得到提升等利益，等等，这些人会认为利益大于风险，或者说近前真切的利益盖过模糊的风险，而选择接受核电风险。而有些人认为自己会受到核电风险的影响，但并不能得到什么个人利益，在他们心目中就是风险大于利益，会选择拒绝接受；还有些人认为核电项目与自己无关，因此无法衡量利益与风险，就会采取无所谓的态度。

第六章案例分析中明确看出利益对核电风险认知的影响，江西省从省到乡镇政府工作人员都认为核电项目是高科技项目，作为头号工程来支持，他们看到的是核电项目带来的巨大利益，以此置换核电风险是"划算的"，他们选择接受核电风险；被征地搬迁的村民，根据在当地核电还建小区调研情况看，大多也觉得比以前生活环境好，获得了利益。"对核电不担心，搬到这比原来生活好。""生活很满意，住的是最大的240平房子，支持建设核电。"他们从原来的山脚下搬到镇上居住，并且新建的独户别墅大多比原来在村里自己建的房子好，认为"种地搞不了多少钱"。所以，相比之下他们接受核电风险。还有那些做生意的，承担风险同时有利可图的也同意支持核电建设。当地人讲："比较期盼建核电的，都是做生意的。""当然希望建了，经常停电，临近小年还停电呢。"每个人的态度与自身的利益紧密相关。"但是周围，有人准备做生意，就会同意；有钱的搬走住，觉得无所谓；但不搬走的，也不可能走，就不同意。"前文提到的服装店老板的一番话说明了不同的人基于不同的利益而产生不同的风险态度。在风险置换中实现利益最大化是人们的理性行为，据一村民讲："还有两个队没搬，他们现在都在建（房子），建了很多很多，当时我们都吃亏了嘛，他们都在建，补的时候能补钱多嘛。"而相对距离远一些的县城居民多属于无所谓的态度，因为他们觉得和他们自身的利益关系不大，"真要建也无所谓，我们还离得远一些，老百姓都考虑现实的，又没利益"。"反正离得远，无所谓。"处在中间的乡镇居民，离核电站距离近一些，而又没得到相应的利益，态度上就反对建核电站，认为风险比较大，但不会采取反对的行为，因为他们认为"国家要建，反对也没用"。趋利避害、不白忙活的心理在人们风险认知和风险行为中充分展现。因此，利益因素在风险与各因素发生作用的过程中发挥了"催化剂"作用，是影响人们风险认知的首要因素。

第二节 社会信任

风险认知是人们对客观存在（也包括社会建构）的风险在主观上的知觉、体验和判断。德国社会学家卢曼认为："与其说风险感知是经验或者个人证明的产物，不如说是社会沟通的产物。"[1] 人们对风险的认知是基于个人知识经验、从沟通各方获取的信息基础上对风险作出判断，某种程度上讲，这一主观行为也是社会关系互动的结果，而信任是社会互动中最重要的综合力量之一。因此，公众风险认知水平与社会沟通各方彼此信任状况密切相关。卡维罗（Covello）对影响风险认知因素的研究结果也认为，可控感、利益、是否自愿承担的、信任是影响风险认知的 47 种因素中最重要的因素。[2] 一般来说，公众对风险管理者、制造者等机构及其人员信任程度越高，就越不担心风

---

① Ortwin Renn, Bernd Rohrmann, *Cross-cultural Risk Perception: A Survey of Emperical Studies*, New York: Preenwood Publishing Group, 1985, p. 16.

② Covello V T, Merkhofer M. W., *Risk Assessment Methods*, New York: Plenum Press, 1994, p. 319.

险，越不信任，越感到害怕。并且，信任与风险认知密切程度也因风险类型不同而不同，核电风险高于其他风险。[①] 这是因为核电技术的专业性使得人们不可能普遍掌握核电知识、如专家一样理性评估核电风险，人们对核电风险的认知更加依赖专家、管理者所提供的信息。也就是说，对于核电风险来讲，信任与风险认知关系更加密切。在现代风险社会背景下，社会信任状况恶化的社会转型期，信任对中国公众核电风险认知的形塑作用更加明显。

一　社会信任与现代风险社会

社会信任是社会关系中一个人对他人或机构按照他们胜任的、可预期的、关注的方式行为所抱有的预期。包括四个关键维度：一是承诺。信任取决于社会关系中的强势一方对一项任务或是一个目标不打折扣的承诺，对弱势一方所托付的责任或其他社会准则的履行。二是能力。处于社会关系中的个体或机构只有在经历多次考验，并且其能力被认为是称职之后，才能获取信任。如果这些个体或机构偶尔犯错，预期不会打破，但连续的失误和意外发现的无能和不称职就会导致信任的丧失。尤其是那些风险管理机构及其人员必须证明他们具有风险治理的专业能力。三是关注。对所信任的个体，个体或机构将会以一种表现其关怀和善行的方式行为，这对于关系双方是非常重要的。四是可预测性。信任是经验的产物，也是一个不断累积的过程，取决于对预期和信念的达成。对预期的连续背叛几乎都会导致不信任。[②] 由此可见，社会信任的建立和获得需要一个过程。信任具有协调社会关系的功能，是社会各系统互动的基础和保障。是"社会最主要的凝聚力之一，离开人们之间的一般性信任，社会自身将变成一盘

---

① 刘金平：《理解·沟通·控制：公众的风险认知》，科学出版社 2011 年版，第 181 页。

② Kasperson, R. E. D. Golding, S. Tuler., "Social Distrust as a Factor in Siting Hazardous Facilities and Communicating Risks", *Journal of Social Issues*, 1992, p. 4.

散沙"。社会信任的建立能够极大减少社会运作和互动的成本。①

但是，社会信任遵循"不对称法则"，即难得易失，而且信任不可能完全得到、永远持续，需要不断维护和加强。在现代风险社会中，现代性风险的特殊性为社会的不信任埋下了种子，社会信任的维护和加强难度更大。正如贝克所理解的那样，现代化风险基本上是由"技术—经济"（techno-economic）的发展所造成的。他在《解毒剂》（Ge-gengifte）一书中指出，公司、政策制定者和专家结成的联盟制造了当代社会中的危险，然后又建立一套话语来推卸责任。② 这种"有组织的不负责任"导致了公众与公司、政策制定者、专家之间的信任危机。英国社会学家安东尼·吉登斯，他将现代社会视为一个由"人为不确定性"造成的风险社会，现代性风险大多是被制造出来的风险。被制造出来的风险，指的是由我们不断发展的知识对这个世界的影响所产生的风险，是指我们没有多少历史经验的情况下所产生的风险。③ 没有经验的、不确定性正是产生不信任的基础。同时，社会信任的下降也放大和加剧了人们的风险认知，增加了风险，加速了风险社会的到来，正如玛丽·道格拉斯和威尔德韦斯所说，人们认知风险的程度提高了，人们对风险更加敏感，所以感觉风险增多了。尤其从风险的社会放大来看，信任与风险社会放大的部分及其放大机制更是紧密相关的。

二　当前中国社会信任现状

当前中国已进入风险社会的观点得到大多数研究者的认可，有的学者对中国风险社会和社会信任之间的关系进行研究。郑永年等认为，从 20 世纪 90 年代到 2012 年 20 多年时间中国已然从一个对风险没有概念的社会，变成了一个很多人感觉危机四伏的风险社会，这种

---

① ［德］齐美尔：《货币哲学》，陈戎女等译，华夏出版社 2002 年版，第 178—179 页。
② 杨雪冬：《风险社会理论述评》，《国家行政学院学报》2005 年第 1 期。
③ ［英］安东尼·吉登斯：《失控的世界》，周红云译，江西人民出版社 2001 年版，第 22 页。

风险社会具有不安全感和不确定性，当发展到一定程度，尤其是当全社会的人们普遍意识到这种人为的极度不均衡的风险分布的体制时，就会形成一种普遍仇富、仇官、对官方及公权力话语的不信任的受害者心态。① 竹立家认为，正处在一个重大社会转型期的中国已进入风险社会，因为转型社会就是风险社会。而意味着进入风险社会的第一个标志就是作为社会治理中心的政府的公信力下降。② 这些论述表明风险社会增加了社会不信任，尤其是对政府官方及公权力的不信任。中国社会科学院 2015 年 12 月发布的《2016 年中国社会形势分析与预测》社会蓝皮书中的《当前中国社会质量状况调查报告》显示，当前中国社会信任水平不高，并呈现"熟人社会模式"。③ 从来自该报告（见表 7 - 1）的数据来看，受访者"非常信任"的群体居前三名的分别是：亲人、朋友、教师；"完全不信任"的群体居前三名的分别是：陌生人、商人、党政机关干部。这说明中国社会信任仍然以"差序格局"关系为基础，是基于血缘、情感的信任为主，最信任亲人、朋友，最不信任陌生人。而对商人、党政机关干部不信任则是当下风险社会即社会转型期市场主体、国家管理者没有像人们预期的按他们胜任的、可预测的、关注的方式行为。社会不信任状况一旦形成并会恶化，正如美国环境学家拉克尔夏斯（Ruckelshaus）所言，"不信任会造成恶性的'递减螺旋'，公众产生的不信任越多，政府在满足公众的需求和期望上的效率就越低，越多的政府官员以敌意的态度回应其服务对象，政府变得更没效率，公众更加不信任政府，情况不断恶化"④。这就是所谓的社会信任的"易失难得"特性。

---

① 郑永年、黄彦杰：《风险时代的中国社会》，《文化纵横》2012 年第 5 期。

② 竹立家：《风险社会与国家治理现代化》，《阅江学刊》2014 年第 6 期。

③ 中国社会科学院社会状况综合调查课题组：《当前中国社会质量状况调查报告》，载李培林、陈光金等编《社会蓝皮书：2016 年中国社会形势分析与预测》，社会科学文献出版社 2015 年版。

④ Ruckelshaus, W. D. , "Trust in Government: A Prescription for Restoration", *The Webb Lecture to The National Academy of Public Administration* , 1996, November 15.

表7-1　　　　　　　　　　受访者的信任水平

样本量：8925　　单位：%

类别	完全不信任	不太信任	比较信任	非常信任	不好说
亲人	0.2	1.8	24.2	73.3	0.4
朋友	0.8	10.7	61.0	24.2	3.3
邻居	1.4	14.5	63.9	18.0	2.2
同事	0.7	13.3	58.0	11.4	16.6
警察	4.5	18.1	50.0	19.6	7.8
法官	4.0	17.0	45.7	16.1	17.2
党政机关干部	7.6	26.9	44.3	11.5	9.8
商人	12.4	49.9	28.4	2.8	6.5
教师	1.4	9.6	62.7	23.9	2.4
医生	2.6	16.3	60.9	18.1	2.2
陌生人	58.7	33.2	5.0	0.5	2.6

注：表格来自《2016年中国社会形势分析与预测》社会蓝皮书之《当前中国社会质量状况调查报告》。

在政府主导社会治理并已进入风险社会的中国，风险治理能力成为人们检验政府及其他风险管理机构是否可信任的重要指标，屡屡发生的事故、事件降低了人们的信任，尤其是在环境风险、技术风险等现代风险治理中的作为不力、成效不高、信息不透明、风险管理机构之间缺乏协调、专家间的争议、公众参与对话不够、信息扭曲等问题，都是导致信任缺失的原因。在信任缺失的情况下进行风险沟通尤其是技术风险沟通难以达到成效，更难以让公众接受。在中国诸如转基因技术、核电技术等的应用大多是政府、企业、专家等推广宣传，而由前面数据显示公众对政府、商人是非常不信任的，现有体制下专家也多趋向政府、商人等价值立场，并在过往中不断爆出与事实不一致的言论观点使公众对其话语信任度也大大降低，社会中部分民众将其称为"砖家"就是对其不信任的表现。而频频发生的PX风波、医患矛盾等社会风险事件凸显了这些不信任的严重程度。

三　社会信任对核电风险认知的影响

对于核电风险等技术风险来说，社会信任是公众对其认知和判断的中介，因为对大多数公众而言，都不具备足够的专业知识，也通常不会花费很多时间精力去研究核辐射和核泄漏怎样产生等问题，日常生活中，他们只是根据政府、专家、媒体、相关机构发布的各种信息作出自己的风险判断，对核电专家及企业、监管机构信任程度高的公众，往往作出较低的风险判断，而那些对其信任程度低和不信任的公众就会作出相反的判断。同时，基于关系互动基础上的信赖也是一种情感，包含对人或机构的责任和能力的信任，而感情可以巩固或改变一个人的行为或认知。① 当前中国社会面临着社会信任脆弱、人们对社会信任的更多需求以及社会转型期间矛盾多发等现实情况导致社会信任状况恶化，人们对专家、管理者提供的信息不信任，甚至采取相悖的方式解读，加大了人们的风险认知。对于大多数公众来讲，核电风险的危害性给他们带来巨大的心理恐惧。当公众对相关专家和风险管理机构充满信任时，就会认为核电专家、企业、政府有能力控制和治理风险，相信他们能够把风险发生的概率降到最低，即使风险发生也会把风险损害降到最小，这种信任能够帮助他们减轻恐惧，获得一定的安全感，从而弱化核电风险感知，接受核电技术。相反，公众对核电专家、企业、政府缺乏信任，会加大核电风险感知，倾向拒绝接受核电技术。因为潜在的高风险对于没有控制能力的公众来讲是一个巨大的威胁。

社会信任还有助于减少公众核电风险认知偏差。由于公众没有亲历核电事故或者不懂核电技术，难以客观理性评估核电风险，往往对核电风险认知与客观风险之间存在偏差。从心理学上讲，形成这种认知偏差与人们的负面特性心理倾向有关。负面特性心理倾向就是指个体在认知事物的过程中对负面信息赋予较大的权重。也就是说，在风

---

① 沙莲香：《社会心理学》，中国人民大学出版社 2002 年版，第 145 页。

险认知中，公众同时接收到相当程度的"有风险"信息和"无风险"信息时，他们对"有风险"信息的认知程度要高于对"无风险"信息的认知程度。[①] 因为负面信息对人们的影响比较深远，留存人们记忆中的时间也更长久，因而负面信息更能吸引人。比如前面章节所论述的核事故对人们认知的影响。由于人们对"负面"的、"有风险"的核电方面的信息过度关注，在心目中留下"核电就意味辐射、核泄漏、对身体危害、寸草不生、殃及子孙后代等"的认知，形成放大核电风险的认知偏差。而对于"无风险"的信息人们却并不认为真的没有风险、是安全的，往往认为是专家、相关机构不愿意公开"有害"的信息，怕引起恐慌。比如日本福岛事故后大多专家说目前中国核电站是安全可控的，没有必要担心，公众却不这样认为，反而认为是欺骗老百姓。还有后福岛时代公众诸如"我们不反对核电，只要政府四大班子搬到核电站旁边办公"之类的语言背后就是对政府缺乏信任。因此，如果公众对核电专家、相关机构充满信任，会减少对正面信息缩小或相反解读的认知倾向。

第三节　媒体

美国学者 Eleanor Singer 和 Phyliss M. Endreny 认为，人们对风险的定义和感知通常有三个来源：一是个人体验；二是与他人直接的人际联系；三是间接的社会联系，特别是大众传媒。[②] 尤其是现代风险，通常个人体验是缺乏的，大多情况是通过他人或者媒体来获取风险情况。这样，信息流就成为影响公众反应的一个关键因素，实际上也充当了建构风险主要原动力的角色。Dorothy Nelkin 说："公众理解科学

---

① Michael Siegrist, "The Influence of Trust and Perceptions of Risks and Benefits on the Acceptance of Gene Technology", *Risk Analysis*, 2000, 2, p. 200.

② Eleanor Singer, Phyliss M. Endreny, *Reporting on Risk*, New York: Russel Sage Foundation, 1993, p. 2.

很少是通过直接的经验或过去的教育，而主要是通过记者的语言与象征。"① 一方面，媒体通过呈现风险的信息和观点，使公众和相关机构在获得信息的情况下对事关自身的风险作出判断；另一方面，媒体为各个风险沟通主体之间信息互动、风险争议交流提供平台，促进社会风险认知。因此，媒体是人们获取风险知识和信息的重要渠道。中国公众没有直接的核电风险体验，对核电风险的认知更依赖信息流，在此情况下，周边人和大众媒体等信息传输者就对其风险认知有更强的塑造影响作用。

一　风险社会中的媒体角色

媒体角色是对传播媒介在人类社会中所处的位置和功能定位。在新闻传播学界，媒体有民主社会中的"看门狗"之称，具有监视环境、协调社会、文化传承和娱乐大众的社会功能，在推动社会发展过程中发挥着重要作用。而现代风险社会的到来，构成了媒体的传播语境或者说媒介生态。贝克曾经说过，如果没有视觉化的科技、没有象征的形式、没有大众传媒，风险就什么都不是。风险社会中大众传媒在揭露风险、呈现风险争议以及应对风险社会方面扮演重要角色。西蒙·科特运用"场域"理论，总结了风险社会中媒体的角色主要有：风险的社会建构场域、风险定义的社会竞争场域、风险及风险社会的批评场域。② 而中国台湾学者黄浩荣把风险社会中的媒体角色概括为：风险的再现机制、风险定义机制、风险监督机制、风险信息渠道、风险社会的沟通机制、风险的公私领域之间的切换机制。③ 郭小平认为风险社会的媒体角色主要体现为：风险预警、风险建构、风险批评与

---

　　① Nelkin, D., *Selling Science*: *How the Press Covers Science and Technology*, New York: W. H. Freeman, 1995, pp. 2 – 3.

　　② Simon Cottle, Ulrich Beck, "Risk Society and the Media: A Catastrophic View?", *European Journal of Communication*, 1998, 13, 1, pp. 5 – 32.

　　③ 黄浩荣：《风险社会下的大众媒体：公共新闻学作为重构策略》，《国家发展研究》2003 年第 1 期。

风险沟通等方面。[①] 在当代中国风险社会中，由于现代风险的隐匿性、科技性、前所未有等特征以及在人们科技素养、风险意识相对不高的情况下，首先，媒体就充当科普、传播风险知识的角色，比如转基因、核辐射、雾霾等技术风险、环境风险。其次，在风险应对中承担汇集风险信息、促进风险沟通的平台。在呈现风险、利益相关方充分沟通协调、引导风险舆论、促进风险决策等方面发挥作用。最后，就是形塑建构风险的角色。通过选择性报道、解读、赋予价值意义、夸大或隐藏信息等方式建构风险。

二　媒体影响公众认知的方式

　　现代风险的难以认知、危害后果又未立即显现的特征，决定了知识在建构当代风险的关键地位。而媒体正是传播知识、奠定知识主导地位、界定风险的关键机制。[②] 弗兰克·富里迪认为，媒体在对风险掩盖的程度、提供的风险信息量、表述风险的方式、对风险信息的解释、用于描述和形容风险的符号等方面对公众风险认知、观念形成有重要影响。[③] 对传播的研究证明，信息中附带的象征是引起潜在接收者注意和塑造接收者解码过程的关键因素。因此，风险社会中的媒体按照自身传播规律通过传递加工风险信息、定义风险、为风险博弈主体代言等形式传播风险知识及相关信息并建构着风险，媒体传播的影响力使得其对风险的传播建构的同时也建构了公众的风险认知。媒体会通过增加相关风险信息量、夸大风险危害性、增加风险波及范围或者连篇累牍报道、图文并茂等刺激较强的符号等方式和手段加强公众风险感知；也会通过减少某风险议题的报道、避重就轻谈及风险危害等方式降低公众的风险感知程度。

---

　　① 郭小平：《风险社会的媒体传播研究：社会建构论的视角》，学习出版社 2013 年版，第 47 页。

　　② Beck Ulrich, *Risk Society: Towards a New Modernity*, London: Sage, 1992, pp. 23 - 24.

　　③ ［英］弗兰克·富里迪：《恐惧》，方军、张淑文、吕静莲译，江苏人民出版社 2004 年版，第 7 页。

　　媒体建构风险的方式就是影响公众认知的方式，包括定义风险和传递风险信息。首先，媒体定义风险并直接影响公众风险认知。风险社会中，知识的不确定性挑战着"专家权威"，对风险定义的话语权进一步分散，作为传播知识的媒体就获得了"阐释风险"的资格。因而，不确定的、潜隐的风险被媒体选择运用不同的话语、符号、修辞策略以及不同的传播方式进行定义、具象化，从而使人们可以通过这些象征符号来感知风险。风险报道的过程就是一个风险知识具象化以及本土化的复杂过程。在这种具象化的定义过程中，不确定性风险与科学知识转变为生活常识为人们所认知。正是因为媒体有其自身的独立性，在传播中媒体运用自己独特的操作规程和方法，刻画再现一个象征性的世界，最后媒体所呈现出来的信息或世界看似客观，实际上已经有所偏重地、潜移默化地给公众以提示，影响着人们如何看待、思考、解读和处理所接收到的风险信息。其次，媒体传递风险信息间接影响公众风险认知。现代性风险具有很强的知识依赖性，人们只有在风险实际发生的时候，或者借助媒体报道、相关知识以及研究成果，才能知道其危险性。媒体就成为人们获取、传递风险信息和风险知识的传播媒介和利益相关方风险沟通的关键。不同的风险沟通主体都企图操纵媒体，来传播自身的风险论述。政府、企业、专家、社会团体等沟通主体都试图作为风险信息来源，通过媒体表达自己对风险议题的态度，影响并主导风险议题的发展方向。这样，媒体从平衡报道角度考虑通常会采取多元化报道，也更能让公众感兴趣，但多元化的报道、传递信息会让公众无所适从，难以作出理性判断。但由于沟通主体博弈力量不同会导致某方操控风险争议论述，从而影响公众对风险的感知和价值判断。

三　中国媒体塑造核电风险认知的效应

　　公众核电风险认知与媒体对核电风险的报道取向、规模及报道方式紧密相关，核电风险媒体传播史也反映着公众核电风险认知的变化。从世界上来看，在核能报道的历史中，美国新闻界比较有代表性。20世纪30年代科学家发现核子能够释放巨大能量之后，这种力量就成为媒介神话，媒体对其报道一直持乐观态度，而公众较少关注；20世纪60年代，媒体对核反应堆的报道仍是鲜有负面评论；20世纪70年代早期，美国核电新闻报道依然是中立或者乐观态度；到了20世纪70年代末期，由于被公开的核事故以及大众文化的觉醒，对核电的乐观景象转为暗淡，1976年，核电在媒体上开始呈现负面形象，大量报道发生的核事故，推动人们的核恐惧不断提升；20世纪90年代，因为没有核事故的发生，核报道的焦点转向核废料的处理问题。对核能的负面报道对人们具有更大的影响力和持久力，人们通过媒体记忆了核事故的许多细节，激发人们的"核恐惧"认知。

从前面第五章内容中"中国核电风险社会建构的时序分析"可以看出中国媒体核电报道发展的历程。零核电时代，媒体都是正面、积极的态度进行核报道，公众的核认知也是正面的；前福岛时代，媒体也多是强调核电安全、经济、清洁，公众对核电风险认知比较低，也较少关注。直到进入21世纪新媒体的崛起，新媒体才开始出现民众反对核电的声音；后福岛时代，媒体对日本福岛核事故的立体多面报道，尤其是新媒体的视频、即时互动等核电风险信息的报道特点强化了公众的核电风险感知。但由于政府、企业、专家等在核电风险定义方面的话语权比较强势，因此，传统媒体、党媒、行业媒体仍是正面报道为主。但新媒体自媒体时代拓宽了核电风险争议的平台，公众核电风险知识获取渠道增多，核电风险感知增强。所以，媒体塑造核电风险认知的效应就表现为：一方面，媒体集中报道负面消息，放大核电风险，强化公众核电风险感知；另一方面，大多官方媒体隐藏核电风险，强调核电安全，弱化公众核电风险认知。

第四节　社会结构

文化镶嵌其中的社会结构深刻影响着个体的认知、态度和行为。

社会结构是人们社会活动和社会关系的存在方式及格局，包括城乡结构、家庭结构、社会阶层结构等内容，其中最核心的是社会阶层结构。风险认知是人们对风险的主观认识，是在获取风险知识加上个人风险经历、与其他个体或组织交流基础上并基于自己所在群体形塑下生成的价值取向对风险作出的判断，自然也受认知主体所在地域、阶层、群体文化、价值观及信息传递方式的影响。从社会心理学的角度来讲，人们对外在世界包括核电风险在内的事物的认识属于社会建构的产物，会随着人们生活或者工作的环境、所属的社会阶层、个体教育程度和生活水平的不同，而产生不同的风险认知。结合中国社会结构的状况和特征，对公众核电风险认知产生影响的主要有城乡结构、阶层结构和社会关系结构。

一　城乡结构

中国长期实行城乡分割体制，形成二元社会结构，也就是一国内存在着城市、乡村两个在生活条件、生活方式、生活观念等方面完全不同性质的相互独立运行的社会子系统，尽管中国近几年致力于统筹城乡发展、城乡人口流动加快，但毕竟几十年的城乡鸿沟造成各自一体的城乡社会系统的惯性，使得生活在其中的城乡居民形成不同的文化价值观念、思维方式，对同一事物的认知也有差异。核电风险属于现代技术风险，但核电站又都建在乡村社会，公众核电风险认知最关键的群体还是附近居民，他们的核电风险认知相比城市居民来讲，有其明显的特点。

处在一个生活水平相对较低的乡村社会，人们的注意力主要停留在经济利益的获得上，也就是说非常看重眼前实际的利益，关心的仍然是创造财富的问题，对技术的崇拜、权威的信赖以及对大自然征服的思想普遍存在，难以注意到由此带来的人造风险，甚至为了财富宁可对能够带来利益但兼具风险的技术敞开大门，"先发展后治理污染"是不发达国家和地区常见思维。同时，城乡二元社会结构导致城市占据大量公共资源，发展利益被城市社会占有，但城市发展所制造的风险却由乡村社会承担，比如，城市通过产业的更新换代把大量的高污染等化工企业转移到乡村，而乡村在获得末端利益的同时，也成为环境污染的风险重灾区，调研中，不少村民反映在乡镇、县城郊区的化工厂气味难闻、污染严重。在生活水平达到一定程度，人们受教育程度的提高以及二元社会结构系统之间的交流互动，乡村居民的注意力也开始关注各种由科学技术、过度强调经济指标所带来的各种风险事实，但开始关注风险，也是基于固有的文化的观念，对实实在在发生的风险担忧，而对未来风险没有表现出强烈的担忧，更不会因此采取过激行为。

调研中发现，城市居民因为相对远离核电站所在地，对核电风险通常表示不关注，也支持国家发展核电。比较关注或者反对的多是从要建核电站所在地迁移到城市居住的人。核设施与化工、垃圾焚烧厂等是一样容易引起"邻避现象"的项目，但近几年已经发生的类似项目的"邻避运动"多是在城市，一定程度上也反映了城乡居民对环境风险等现代风险的认知及行为的差异。

二　社会阶层结构

社会阶层是指拥有相似的物质资源和具有相同或类似的社会地位、身份感知的社会成员组成的群体。社会阶层是按照等级排列的，处在同一阶层的人们具有相对的同质性，即类似或相近的职业、收入、教育程度、社会声望、价值观念以及生活方式等。因为处在同一阶层的成员具有共享的经历，会形成相对稳定的认知倾向。心理学研究发现，不同阶层的人会表现出不同的心理认知、态度行为。长期处在较低社会阶层的人由于占有的资源少、社会声望低，倾向于降低自己能够操纵和改变客观环境、内心感受的感觉，并通常倾向于对事件的外部归因，威胁的敏感性比较强。[1] 社会中的每个人不管情愿不情

---

① 胡小勇、李静等：《社会阶层的心理学研究：社会认知视角》，《心理科学》2014年第 37 期。

愿，都属于一定的社会阶层，中国人由于受儒家传统思想的影响，人们对自己的社会阶层的主观认知倾向于趋中或偏下，正如调研中，经常听到的一句话"我们小老百姓"，城乡结构、国家威权结构影响下乡村居民的身份感知就是较低的社会阶层。

在风险认知上，不同阶层表现出不同的认知方式和结果。当代中国社会分层多认同社会学家陆学艺先生的划分，他以职业分类为基础，并考虑组织资源、经济资源、文化资源占有情况，将社会阶层划分为国家与社会管理者阶层、经理人员阶层、私营企业主阶层、专业技术人员阶层、办事人员阶层、个体工商户、商业服务业员工阶层、产业工人阶层、农民阶层、城乡无业失业半失业者阶层由高到低的十个阶层。正如前面章节不同主体对核电风险的认知和建构不同，除了利益之外，一个阶层内部获取信息、价值取向的相似，使得各个阶层成员各自选择自己的参照阶层团体为基准来对风险进行认知和阐释，并且等级相近的偏上的阶层对风险认知趋向一致，而偏下相近的不同阶层认知差异较大，这和阶层风险规避应对能力有关，正如案例中国家管理者阶层的政府官员、经理人员阶层的核电企业集团总经理等。而核电站周边居民大多是农民阶层，等级越低占有的组织、经济、文化资源越少，威胁敏感性就强，自我控制感越弱，对风险的认知分歧就比较大。就如那个服装店老板所说，有钱的人可以搬走住，就对核电风险无所谓，而他自己却强烈反对。阶层等级越低，阶层内部结构相对越松散，又因为大多文化水平不高，在面对核电风险这个新事物时，彼此可交流并达成一致的内容比较少，主观性就强一些。但阶层之间的普遍性认知差异还是显而易见的。

三 社会关系结构

对于讲人情、重关系、爱面子的中国人来讲，社会关系对一个人的观念、知识习得及发展有很大的影响，尤其是自己差序格局中的"圈内人"的价值看法对自己的态度、行为有很强的塑造作用。按照费孝通所言，中国人的社会关系是按照亲疏远近的差序格局原则建立起来的，中国人的社会交往是以自己为中心，根据血缘、亲缘、地缘等人伦本位思想下的纽带为基础，一圈一圈地推波出去，形成由里到外、由亲到疏的社会交往关系格局。尽管市场经济、现代化、社会流动等因素对传统的差序格局社会关系网有所冲击，但长期的伦理本位文化影响下，中国人还是具有浓厚的血缘、地缘情怀，尤其现在的社交网络平台打破了时空限制，为不在同一地域的家族、同乡等提供了时时交流的载体，如微信朋友圈。家庭成员、亲戚、老乡等"自己人"对某件事的态度或者劝说对一个人的认知、态度转变还在发挥着重要的作用。尤其在传统文化影响很深的乡村，差序格局的人际交往及其影响力依然还在。

调研中，随时感受到村民在核电风险认知、核电知识获取上对享有威望（知识、资历、权力）的家人、左邻右舍、朋友的依赖。如一位司机讲，"我儿子给我讲的，核电是有利有弊的"，等等，还有在当地搬迁动员中，村干部也充分利用自己及村民的人际关系来做工作，"先做党员干部家属、亲戚家的工作，再有关系好的"。在对核电公司人员的问卷调查中："您的亲戚朋友对核电的态度受您的影响吗？"有76.6%的调查对象选择了"是"。也正因为江两岸有姻亲关系，有的望江村民就不明确表态，在马当镇核电还建小区调研时，正遇上前来探亲的 F 村村民，问起他们的态度，"笑而不语"或者是"不知道"，碍于亲戚的面子或受亲戚的影响，一般不会作出和亲戚相反的表态。公众核电风险认知是人们通过各种渠道获得风险信息，加上自己经验、常识形成的态度和看法，中国社会的伦理本位特征决定了非正式沟通网络是人们获取信息的重要渠道，即通过朋友、邻居、社会群体内的联系，尤其那些年龄偏大、知识文化水平低、不会使用新媒体的村民。如因核电需要搬迁的村民，会自然形成一个临时的"利益群体"，在这个社会群体内彼此交流核电风险、征地补偿等信息并相互影响。

第五节　小结

　　除了个体知识、人格等个人主观影响因素之外，利益、社会信任、媒体、社会结构是影响公众核电风险认知的主要社会因素。本研究在全国所有核电站所在地政府主管领导及核电公司公众沟通工作人员中的问卷调查结果也证实了这个观点（见表7－2）。其中问到"您认为公众对核电怀疑或不接受的主要原因有哪些"时，核电项目政府部门主管人员和核电公司人员回答统计如下：排除第一选项"个人知识"之外，从表中数据可以看出，在政府部门人员选择的回答中影响公众核电接受度原因依次是：舆论、社会信任、利益；而核电公司人员选择的回答中依次是：利益、社会信任、舆论。虽然顺序不一样，但排前三位的都是利益、社会信任和舆论。其他中国研究成果的调查也表明，公众的风险认知主要受个人的认知能力、媒介接触、城乡分割和社会阶层地位的影响。① 追求利益是人的一切活动的动因，在当

表7－2　　　　　**"您认为公众对核电怀疑或不接受的**
主要原因有哪些"回答统计

选项	政府部门人员（共34人）	核电公司人员（共47人）
核电科普不够，公众不了解核电知识	26	35
利益补偿不到位	9	29
目前核电技术不足以保障安全	3	2
对核电站操作及相关管理人员不太相信	4	6
社会信任度下降	13	28
舆论影响	15	26

---

　　① 王甫勤：《风险社会与当前中国民众的风险认知研究》，《上海行政学院学报》2010年第2期。

今的中国社会，尤其是相对不发达的乡村社会，在是否采取接受核电
风险行为时，利益更是人们首要的判断标准，也是影响公众核电风险
认知的首要因素。在利益不变和风险客观存在的情况下，政府和相关
风险管理机构的风险治理能力能否被面对风险的公众所认可就显得尤
为重要。即公众对风险管理机构的信任状况就成为影响公众核电风险
接受度的关键因素。而媒体虽然通常在塑造公众风险认知方面影响颇
大，但就中国国情和媒体发展状况以及管理体制而言，尤其是在社会
信任水平比较低的情况下，媒体的影响也大打折扣。社会结构对公众
核电风险的认知更是一种潜移默化的影响，在塑造公众认知方式、价
值取向方面有一定的影响。因此，影响公众核电风险认知的社会因素
从核心关键程度来讲，依次是：利益、社会信任、媒体和社会结构
（见图 7 - 1）。

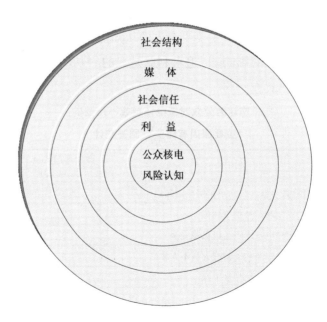

图 7 - 1　影响公众核电风险认知的主要社会因素

第八章 社会建构下技术风险的防范治理

技术风险具有社会建构性是显而易见的，对其研究及防范治理必须考虑其社会过程，从社会科学角度关注技术及其应用引发的社会风险。比如，核电技术应用发展必须考虑公众接受度、核电安全监管体制等问题，防范治理因技术及其应用带来的社会问题和矛盾。尤其是随着第四次技术革命的兴起，人类社会跨入智能化时代，新业态层出不穷，物联网、边缘计算/云计算、5G、人工智能蓬勃发展。这些新技术不仅如前几次技术革命一样带来产业变革，更是改变着人们的价值观念和生活方式，渗透到社会的每一个角落，对社会的秩序活力影响更广更深，自然也会引发一定的社会风险。比如人工智能发展的不确定性对现有社会伦理和法律规范产生了冲击，对信息安全也提出更高的要求，还可能导致失业率上升而引发社会问题，必须重视新技术引发的社会风险。

第一节 社会建构下核电风险的防范治理

风险的产生与现代化进程相伴相生的，随着工业社会向后工业社会或者说现代社会转型中，充满"不确定性"，风险成为人类社会的主要特征，即贝克所说的人类进入风险社会。他提出的风险社会理论是基于"实在论"的"建构论"的认识前提，改变了过去把实在主义和建构主义相对立、二选一的认识论，而是把二者结合起来，认为现代性风险既是实在的又是建构的，核电风险就是"人为的""不确定性"的现代性风险，对社会建构的中国核电风险的研究不可避免地运用风险社会理论和社会建构理论。对其防范治理不仅要从技术层面着手，更要关注其社会建构过程，从社会因素层面加强核电风险的防范治理。

一　社会建构下核电风险的研究转向

社会建构主义认为人们认识和描述事物、自身体验时所用的概念、语言都是历史的、文化的，人们只能在社会文化划定的圈子里进行认识活动，因此特别重视权力、科学、文化、社会心理、重大事件、媒体等社会因素对于人们认识和行为的影响作用。风险的社会建构理论是从风险的来源、认知方面强调社会因素的作用，而风险的社会放大框架理论是从风险的发展、运行过程中强调各社会因素的影响。风险的各阶段都存在认知、评估的问题。尤其结合本研究和中国实际情况，认为风险的社会放大就是社会建构的一种表现。风险建构论者注重从群体、社会层面分析公众的风险认知和风险相关知识，认为各种社会、政治和文化过程建构了公众的风险认知，并且公众的风险认知和对风险的理解随着其所处的社会背景和社会位置的不同而发生变化，即强调社会因素对社会主体风险认知的建构作用。这些观点是与社会建构主义者主张的从动态角度看待社会实在、社会事实是相关社会主体依据客观事实并经由互动、协商的过程建构出来的观点一致，都关注不同社会、文化及历史背景的特殊性及其影响。对于核电风险这一社会事实或者说社会问题来讲，既存在客观的核电风险被建构，也存在社会因素建构公众核电风险认知的情况。社会，就是指人们之间互动的模式，社会愈复杂，建构的主体、方式就更为多样，社会建构的痕迹就更为明显。当下中国社会的纷繁复杂，决定了中国核电风险的社会建构必然存在，在前面章节尤其在第六章案例分析过程中，这些建构过程和建构后果是显而易见的。

通过研究，基于社会建构的核电风险更多是利益驱动的，核电企业、政府、专家是强势建构主体，而相对来说，公众是弱势建构主体。鉴于中国核电发展情况，核电站大多建在沿海、滨河等人口稀少地区，这些地区大多是某地域的农村，核电技术的复杂性、核电风险的危害性即使加大科普力度，也很难被公众学习掌握，调研中也发现本地居民对知识性的科普并不感兴趣。但政务公开、民主决策、公众参与等社会进步是发展大趋势，公共决策或者事关公共安全、居民利益的项目日益重视吸收民意，在此情况下，如何克服现实核电科普、涉核公众沟通困境和打消公众非理性"核恐惧"、客观认知核电风险以及如何培养提升公众正确的核电风险意识和能力等问题，使公众积极参与到核电发展规划、相关决策程序中来，以促进核电安全持续发展，调整能源结构、应对环境问题，是核电发展中社会学、人类学、风险管理学等学科领域需要进一步介入和研究的主题。

二　核电风险社会建构理论的中国实践

风险的社会放大框架理论是对风险社会建构过程的分析，该理论认为风险的发展、运行呈现出来的特点都是通过各种各样的风险信号被刻画出来，这些信号反过来又强化或弱化人们的风险认知，并与一系列社会的、制度的、文化的以及心理的过程互动进而导致社会或经济后果，加大或减小风险本身。社会放大的根源在于风险的社会体验，不管是直接的个人体验还是通过风险信息、风险事件和管理系统获得的间接、刺激体验。因为对于巨大事故或风险事件的体验增加了危险的记忆和可意象性，强化了风险认知。风险的社会放大机制主要是信息机制和社会反应机制两个阶段，而社会反应是基于信息传播机制基础上的。该理论产生于美国的文化背景中，基于美国公众心理、社会、制度及文化的相互作用下对风险放大或减弱基础上提出的，而中国社会发展阶段、风险环境、媒体环境、公众理性显然不同于美国。因此，该理论在中国的文化环境中会出现一定程度的不适应。在中国，媒体管理体制决定了信息传播的人为主导性较强，风险的放大或衰减基于建构主体力量的较量。现实中秉持"维稳""报喜不报忧"思维的政府、企业、专家大多是倾向风险衰减的建构主体，通过其所占有的话语权威资源、媒体资源建构核电风险的结果往往就是弱化或者说一定意义上的隐藏，即使在自媒体时代下信息机制阶段产生舆论高峰形成风险的放大效应，也会因为舆论引导管控使其"降温"，引不起风险的社会放大框架理论所谓意义上的社会反应。信息机制和社会反应机制两个阶段中政府主导性都比较强，风险的社会放大框架某种程度上可以称为风险的社会建构框架理论，公众的风险认知来源于各建构主体互动博弈结果的风险定义和描述，对个人或组织信任状况对公众风险态度影响比较大。从中国核电风险的建构实践来看，核电风险重视还不够，风险的社会放大框架理论不太适合中国核电风险的建构特征。

三　社会建构下核电风险的防范治理

当前，发展核电是中国能源战略的必然选择，核电技术内在的"客观风险"及其在社会进程中被建构的风险能否被社会接受成为核电能否顺利发展的关键。单从技术层面来讲，不断更新换代的核电技术、安全设计是减少核电风险发生概率的保证，是核电技术被社会接受的基础。但核电安全是技术、管理和人综合作用的结果，人们能否接受核电，不仅仅是安全技术问题，更涉及心理层面、社会文化等方面的问题。核电风险的社会建构性更强调社会因素对人们风险认知和接受度的影响。美国能源部所属的橡树岭国家实验室的两名分析人员认为，公众在决定是否接受一项风险时，通常考虑可能受到风险危害的人是否参与了决策过程、责任义务是否清楚、管理和监督机构是否可信等三方面的社会因素。从影响中国公众核电风险认知的主要社会因素角度看，提高中国核电风险的公众接受度，防范治理核电风险主要应从以下方面着手。

一是加强公众参与。公众参与是提高核电风险公众接受度的前提。公众参与，体现了公众主体性、主动性。通常人们对熟悉的、主动选择的事物具有较高的风险接受度，而对自己一无所知、强加于自身的事物有天然的恐惧和抗拒。如果公众从核电项目规划、决策、核电厂选址、环境影响评价、核电站运行等各个环节都参与的话，一方面对发展核电的必要性、选址的严谨性了解后，会增加对发展核电的支持度；另一方面，熟知核电的风险，自然会增强风险意识、自发提升核电风险应急能力，在心理和实际应对方面有所准备后，也会提高核电风险的接受度。此外，公众参与也是核电公众沟通的基础，使利益相关方能够在同一平台、程序中交流互动，增进共识。同时，公众参与也能减少社会因素对公众核电风险认知的塑造影响作用，促其形成客观理性的核电风险认知。从前面中国核电风险社会建构的时序分析来看，中国核能发展始终是政府和专家联合推动的。由于核电的技术特点，专家在核电发展政策子系统内长期占据主导地位，政府的战略需求与专家的理性精神相契合，一直主导着核电发展的价值取向。从现有的《中华人民共和国民用核设施安全监督管理条例实施细则》《核电站建设项目前期工作审批程序的规定（试行）》《环境影响评价公众参与暂行办法》等相关法规来看，核电项目中的公众参与仅仅也就是核电站从选址到竣工各阶段中的环境影响评价。因此，在中国核电发展规划、项目决策、项目推进等各环节上都存在公众参与意识不强、参与不足的问题。如案例中，彭泽核电厂从 20 世纪 80 年代就开始选址，而很多当地居民直到移民搬迁时才知道建设核电站。但随着公众权利意识的增强和核电社会化程度的加深，公众参与核电发展的诉求必然日益凸显。

当前，中国政府和核电企业越来越重视信息透明、公众沟通和公众参与对核电顺利发展的重要性，2017 年通过并发布的《核安全法》专门单列一章阐述核安全信息公开和公众参与问题。中国核电站目前都分布在乡村，而根据调研当地居民大多参与意识、参与意愿都比较低和被动，只是个别的或者涉及拆迁的主动意识强一些，但核电风险一旦发生，当地居民首当其冲。城市居民或者说较高学历、权利意识比较强的居民参与意愿比较强，如张乐、童星研究认为，较高学历的居民反对建设核电站实际上是一种与政府及其科学体系争夺风险解释权和话语权的情绪性表达。[①] 但他们又不在目前相关法规所规定的核电项目所征求意见的对象范围内。因此，加强公众参与，应该针对中国实际，其一，加大及时公开核电相关信息的力度和广度。信息透明是公众参与的前提。核电监管机构、运营管理企业、专家组织等相关主体应该借助各种媒体多渠道主动公开信息，建立信息公开机制，为公众参与创造良好环境。其二，培养提高公众参与的意识和能力，拓展公众参与践行场域。政府、社会组织、核电企业要积极主动与公众沟通，搭建公众参与的平台载体，丰富公众参与形式。其三，注重区分公众参与群体和各自参与的重要环节和内容。一般来讲，不管是当地居民还是周边居民、远距离的居民，都应该鼓励积极参与到核电发展规划、核电项目决策和项目推进过程中来，但还应鼓励当地居民积极参与到核应急体系建设中来。调研中发现当地居民对核电知识并不感兴趣，对核电风险更不了解，只是模糊概念，但一旦风险发生，他们如果不能自救或有序参与、配合救助就会非常危险，所以，公众参与核应急演练非常必要。

二是构筑社会信任。贝克认为，知识、权力、立场三维结构决定了风险的定义与解释要顺从专家系统，风险在专家知识系统里可以被改变、夸大、减弱或转化，就此而言，风险是可以随意被社会界定和建构的。[②] 风险的社会建构性决定了社会文化背景、制度安排和机构设置的方式是决定公众对风险管理机构是否信任的根本。由前面的论述得知中国核电风险的社会建构更为复杂，公众之所以不接受核电风

---

① 张乐、童星：《公众的"核邻避情结"及其影响因素分析》，《社会学研究》2014年第1期。

② ［德］乌尔里希·贝克：《风险社会》，何博闻译，译林出版社2004年版，第20页。

险，不信任的并不是核电技术本身，而是核电技术的推广者、运用者、核电监管机构以及核电厂运营管理企业。从这个层面上来讲，进行核电科普并不能有效缓解信任危机和提高公众接受度。在"知乎"①上有一条提问："对民众进行核电知识的宣传，能否改变大众对核电厂的反对态度？"获得最多人数（1618 人）赞同的回答是"不会"。也正因为部分村民尤其年长村民对政府及村委会干部存在较高信任，他们对建设核电站表现出较高的接受度，而网民（大多数年轻人）对政府、专家高度不信任，因而表现出对核电项目及其决策较强的排斥和抗拒。因此，构筑社会信任是提高核电风险公众接受度的关键，尤其是构筑公众对政府、专家及核电企业的信任，才能提高核电风险接受度。

信任的建立是一个漫长的过程，易失难得，针对核电发展领域的社会信任状况，构筑社会信任以提高公众核电风险接受度。其一，维护好核电站周边居民现存的信任感，推进持续的信任。中国传统文化的"忠、信"等理念和镶嵌差序格局关系的社会结构在乡村社会仍然比较厚重，政府及村委会要着力借助传统文化维系已建立起的信任，并在新形势下与时俱进寻找维系信任的支撑点，使现有的信任持续、提升。其二，建立核电企业与当地居民新的信任关系。核电企业作为在一个地方落户的新成员，与当地居民的信任关系要从无到有进行开创性的建设。核电企业要取得公众信任，不仅需要尽职尽责做好核电站运行、管理，更需要融进当地发展之中，切实履行企业的社会责任，在核电知识普及、认知沟通、提供帮助等互动共融发展中做好"邻居"，建立信任关系。其三，重建政府公信力，带动提升社会信任。针对核电发展风险来讲，公众对政府的信任包括两方面，即公众对政府核电风险评估如核电厂址、项目审批等结论的信任和一般政府行为、理念和能力的信任。因此，提升政府公信力，一方面，改进政

---

① 《2010 年开放的一个真实的网络问答社区》（http://www.zhihu.com/question/23645788），搜索时间：2016 年 1 月 8 日。

府核电风险评估决策模式，强调核电利益相关方相互理解、磋商和互动沟通的多角色参与模式，其对风险评估的结论才能避免公众的质疑，提升公众对政府的信任；另一方面，政府必须秉持正确行政理念即坚持公共利益为上并体现在日常行政行为上，兑现承诺，对公众利益主动关怀和表示出善意的行为，提升行政能力，在法律和相关制度框架内增强自身言行的可预测性，不断累积公众对政府预期的实现，重塑政府公信力。其四，培养理性认知专家权威的社会文化，修复公众对专家的信任。在现代化过程中，科学知识、技术充满了不确定性，由其带来的风险也是难以预测和完全避免的，实现技术的绝对安全也是不理性的。科学技术的不确定性降低了专家的权威和信任度。因此，修复公众对专家的信任度，需要公众对科学技术不确定性有个清醒认识，只有公众学会把科学技术理解为一个不断改进、完善的过程，其间难免意外和错误出现，专家才会被理解和接受。同时，专家也应在言行上更为谨慎，尊重公众对风险的"捷思反应"和经验认识，打破技术形成的壁垒，把公众对风险的经验和非专业知识纳入交流沟通的对话中，才能弥补公众与专家风险认知差异，不断修复公众对专家的信任，避免公众对核电风险的非理性恐惧和排斥。

三是强势独立监管。核电风险的性质及特点决定了在控制管理风险方面主要应突出政府责任。国家层面强有力、独立的监管是提高核电风险公众接受度的保障，也是公众安心与核电站比邻而居的强大支撑。核电技术作为不断发展的专业性强的技术，自身客观存在风险，并在该项技术社会应用过程中被不同利益立场的社会主体塑造建构，公众无法客观认知和理性辨识核电风险的客观性和建构性，无法对其评估并作出是否接受的风险行为。随着市场化的推进，科学技术可以被利益塑造和绑架成为公众认识理解技术的习惯性观念。对公众而言，利益所驱动的技术使专业的权威大打折扣。现实中核电作为能够带动地方经济发展、投资大、利税高的项目使得地方政府趋之若鹜，纷纷抢上核电项目，虽然核电项目经过严格审批，但偌大的利益面前难免使地方政府及核电企业在一些环节上避重就轻甚或造假，并与相关专家结成利益同盟体，以期通过相关审核审批。面对核电风险认知的技术壁垒、技术易被利益绑架的情形，独立、强势的国家监管就成为公众面对核电风险时的"定心丸"，获得自我保护的最后一道屏障。但是在当前政府公信力下降背景下核电监管的公权力也面临着陷入"塔西佗陷阱"风险的挑战，多头管理、监管职能交叉、独立性得不到保证等核电监管体制存在的问题也在挑战监管的权威性，尤其是监管的独立性得不到保障的话，监管者容易被监管对象"俘获"，这些都是公众对核电发展不赞同、恐惧核电风险发生的原因。

监管是权威机构对核电安全、运行的主动干预。正如调研中发现的那样，核电厂周边村民对核电知识不了解，也不愿了解，对核电风险也是认识不清，不管情愿不情愿出于各方面原因无奈接受了核电，核电厂建设得以推进。恰恰是这种情况更需要国家层面强有力的监管把关，保证所有监管机构及其专家能够在核电厂审批、建设、运行所有环节上独立评估监管，避免因核电厂选址、各项评估报告、核电厂管理等方面的问题导致核电风险的发生，确保当地居民的安全和利益。其一，确保监管机构的独立与权威。核安全独立监管是国际通行做法，美国、法国核安全监管机构都是独立于政府各部门，能够实现独立、权威监管，而在中国现行的核电监管体系下，国家核安全局负责核安全监管，但其是国家环保部管理的副部级单位，没有独立的人事、财务等权限，难以协调更为强势的负责核电规划的国家发展改革委员会、负责核电技术和应急管理的国家工业和信息化部等政府机关。现有政治体系下，国家核安全局难免受到诸如强势部委、地方政府、运营单位等各利益集团的牵制、压力而难以实现独立、权威监管。所以首要的就是确保核电监管机构独立，直接向国务院负责而不是被某部位管理，从而实现监管有效有力。其二，确保职能统一、责任考核有力。职责不清容易出现争功诿过、管理真空等现象，如发改委管理的国家能源局、工信部管理的国防科工局、环保部管理的国家核安全局彼此之间存在监管职能交叉等问题，核安全监管职能没有实现高度集中统一。职责不清必然带来考核无力而降低管理成效。理顺职能并据此建立严格的考核制度，才能确保监管机构切实履职。其三，确保监管机构所依托的专家价值中立。核电的技术性使监管机构在审评审核监管过程中必然依托专家，而专家判断是遵循科学理性、公共利益还是政治权威、个人或某群体利益对核电安全非常关键。这就需要强化核电专家的资质和管理，促其保持价值中立，为有效监管提供技术支持。其四，提升核应急能力。核应急是监管职能的延伸。对于发展核电来讲，中国坚持"安全第一"，但核自身特性决定了没有绝对的安全。一旦发生事故，必须有相应的应急能力来降低损失。核应急能力不仅包括国家、地方政府及专业救援机构组织和人员的能力，还包括受灾体在内的核电厂职工及其周边居民的应急能力，因此，不仅理顺完善核应急预案、体制、法制、机制等方面，还要在演练中真正挖掘一线群体和居民的应急能力，让相关群体在参与演练实践中提高应急能力。

第二节　社会建构下大数据技术风险的防范治理

互联网信息技术的发展，不断解构着人们已经习惯的生活方式、思维方式、管理方式和交往方式。尤其是当前最热门的大数据技术，随着其与云计算、物联网以及移动互联网技术的深度耦合发展，已经渗透到社会生活的方方面面，并进一步重构社会生活的基本逻辑，将会带来社会治理和公共领域的深刻变革。国务院 2015 年印发的《促进大数据发展行动纲要》指出，信息技术与经济社会的交汇融合引发了数据迅猛增长，数据已成为国家基础性战略资源，大数据正日益对全球生产、流通、分配、消费活动以及经济运行机制、社会生活方式和国家治理能力产生重要影响。正因为大数据与人们生活、社会发展深度融合，在给人们生活、企业管理、产业发展、公共事务管理等提供技术手段和方法的同时，也会带来诸如隐私泄露、数字鸿沟、安全隐患等风险问题，大数据具有一定风险性和挑战性。

一　大数据技术的发展

近年来，移动互联网、物联网、云计算、社交网络、传感器数据存储等技术和服务飞速发展，由此产生的网络数据呈现出爆炸式的增长。与此同时，社会各行业也在源源不断地产生数据，海量数据的产生催生了大数据技术，大数据技术的发展赋予了数据新的内涵，更新了人们对数据和信息处理的认知，使社会各方面发展被大数据赋能。大数据理念和技术的迅猛发展和广泛运用正在推动时代变革。

大数据是一个抽象的概念，国务院发布的《促进大数据发展行动纲要》认为，大数据是以容量大、类型多、存取速度快、应用价值高为主要特征的数据集合。百度百科中对大数据的定义为："指无法在一定时间范围内用常规软件工具进行捕捉、管理和处理的数据集合，是需要新处理模式才能具有更强的决策力、洞察发现力和流程优化能力的海量、高增长率和多样化的信息资产。"维克托·迈尔－舍恩伯格和肯尼思·库克耶的著作《大数据时代》中将大数据描述为："大数据不采用抽样调查的方式筛选数据，而是对所有数据进行分析处理。"[①] 也有人认为，大数据不仅指数据规模"大"，更在于数据的采集、储存、维护、分析、挖掘、共享等方面赋予大数据功能"大"，以及在各方面、各领域应用范围"大"。

大数据的海量信息收集分析、高价值挖掘等核心问题的解决需要大数据技术。大数据技术是基于云计算的数据处理与应用模式，是通过数据的整合共享，交叉复用形成的智力资源和知识服务能力，是应用合理的数学算法或工具从中找出有价值的信息，为人们带来利益的一门新技术。大数据技术的一个核心目标就是从体量巨大、结构繁多

---

① ［英］维克托·迈尔－舍恩伯格、肯尼思·库克耶：《大数据时代》，盛杨燕、周涛译，浙江人民出版社 2013 年版。

的数据中挖掘出其背后的规律（数据分析），发挥数据的最大价值，并且由计算机代替人去挖掘信息从而获取知识。大数据的通用技术主要包括数据采集、数据预处理、数据储存和数据分析技术。这些技术已成为大数据采集、存储、处理和呈现的有力武器。云计算、分布式处理技术、非结构化存储技术等智能化应用技术广泛应用于社会经济生活的各领域，由此诞生了"大数据"的理念。

大数据为人类带来了新理念、新价值，其内涵和外延已经远远超越"海量数据"的概念。相比传统数据来讲，大数据具有数据规模大、数据多样化、数据处理速度快和蕴涵价值高等特征，通过对数量巨大、结构混杂、类型多样的数据进行采集、存储和系统相关分析，让数据"发声"赋能，使决策者具有更高的洞察力、预测力，从而发现新知识、提升新能力、创造新价值，实现数据的"增值"利用。目前，大数据技术已经或正在我国社会的各领域发挥着重要作用，比如在政府决策方面，通过大数据分析了解民意、民情，为其决策提供科学、准确的数据资源；社会治理方面，大数据在疫情防控期间支撑服务疫情态势研判、疫情防控部署以及对流动人员的疫情监测、精准施策，成为疫情防控的重要科技手段；风险预警和危机管理方面，大数据打破各部门信息壁垒，在危机研判、动态管控、化解处置等方面发挥重要的防控作用；在公共服务方面，智慧服务大数据助力各部门为民众出行、教育、就医、社保、科技文化、公共安全等方面提供精准化的服务；等等。大数据在社会各行业各领域的广泛应用，成为推动各行业发展的新动能。

二　大数据技术风险表现

中国互联网络信息中心（CNNIC）发布的第46次《中国互联网络发展状况统计报告》显示：截至2020年6月，我国网民规模达9.40亿。表明以互联网为代表的各类电子通信设备广泛地应用于人类的工作和生活，各行业、各组织、各个体不断地进行着数据交换，时时处处地在网络"留痕"，并不断地被大数据技术抓取、分析，并可能被不同目的和动机的组织、群体获取使用，因而会给人们生活和社会发展带来一定的风险问题。这些风险既包括大数据本身因数据量大而容易使一些错误数据进入数据库，或者技术使用者故意封闭数据导致的数据多样化的缺乏等带来数据规律的丧失和事实的失真而引发的大数据技术本身的风险，也包括由此在人们社会生活中衍生的社会风险。大数据技术社会过程中的风险表现主要有：

一是个人隐私泄露。大数据时代下，个人在参与大数据生活过程中，自觉或不自觉、自愿或不自愿地产生着大数据，个人信息通常以数据的形式记录保存在信息系统中，即个人信息包括隐私信息数据化。大数据技术的使用原理是对个人数据的挖掘与使用，必然存在对个人隐私的侵犯或者个人隐私有意无意泄漏的可能，大数据弱化了个体对个人信息的控制权。还有一些应用程序的安装、用户注册等环节都会强制性地要求用户绑定手机号、提供身份证号等个人信息，为了使用一些服务或应用程序，大多数用户被迫接受这些强制性的条款，如果监管不力或者信息犯罪集团盗用转卖等，会对用户生活安全带来风险和隐患。还有个体对大数据技术的应用逻辑缺乏了解，个人信息保护意识不强，随着一些微信微博等社交工具的广泛应用，毫无防备地在社交网站发布手机号码、个人爱好、自己及家人照片、家庭住址等个人信息，这些都增加了个人信息泄漏的风险。个人信息泄露滋生的电信诈骗、网络诈骗、敲诈勒索等犯罪现象，给受害人带来了严重损害，可能造成其财产损失、家庭破裂、身心受损、"社会性死亡"等后果，甚至会带来一定的社会动荡，破坏社会安定团结等严重的社会问题。

二是数字鸿沟。数字鸿沟并不是大数据时代面临的新问题，在20世纪互联网在全球范围普及的时候就已经产生，是指在信息化社会中信息富有者与信息贫困者之间的差距。数字鸿沟有四种：（1）可及——不同群体或个人在获取技术以及在信息可及方面存在的技术鸿沟；（2）应用——不同群体或个人在通过互联网获取资源方面存在的应用鸿沟；（3）知识——不同群体或个人在通过互联网获取知识方面存在的知识鸿沟；（4）价值——使用者因自身价值观方面的原因导致的在运用大数据方面存在的深层次数字鸿沟。[①] 在大数据时代，数字鸿沟不仅表现为不同社会群体在计算机、互联网等设备拥有上的差异，还表现为信息传播技术的拥有以及使用方面的差异，尤其是在数据认识和机会上的不同，即对数据认识不足或者不能适时获得数据，从而导致不同社会群体在社会中的"数据强势"与"数据弱势"。数字鸿沟在大数据时代表现得更为突出，一方面大数据技术不断普及，逐渐成为人们摆脱贫富差距的重要手段；另一方面却在信息"富有者"与"贫困者"之间无形地构筑了一道鸿沟，加剧了贫富差距，从而形成了新的社会不公正，这为社会的平稳发展增添了新的风险。比如个人相对于企业、政府等组织，非专业人员相对于专业人员，老年、贫困、残疾、受教育程度低的群体相对于那些青年、富有、受教育程度高等生活基础好的群体，他们之间存在着深深的"数字鸿沟"，信息不平等将导致权利不平等，将会影响个人发展或社会获得的不平等，带来新的社会公正问题。此外，借助于大数据进行企业决策、公共决策过程中，那些被大数据技术所遗忘的弱势群体的诉求、声音可能被忽略，从而扭曲决策，对社会发展也会带来一定的挑战。

三是安全危机。在马斯洛的需要层次理论中，安全需要属于直接关系个体生存的低级需要。社会学视野里的"安全"是指将社会系统运行中对人类的生命财产、环境可能产生的危害控制在人类可以接受的水平以下的状态。在网络社会特别是大数据时代里，计算机网络安全问题愈发严峻，对人们正常的生产生活有着重大的影响。人类安全的威胁远远越出传统风险的范围，因为大数据不仅意味着数据规模

---

① 大数据战略重点实验室编，连玉明主编：《大数据》，团结出版社2017年版，第104页。

庞大，也意味着数据所牵涉的对象范围之大之广以及数据类型多样、数据敏感度更高，一旦数据丢失或被盗或遭受攻击，其损失危害也非常大。比如一个国家的金融数据、医疗数据、国防数据、国家情报等都可能存在保密措施不完善情况下产生安全问题，或者被敌对分子、恐怖分子等势力攻击产生威胁。正如 Gartner 所说："大数据安全是一场必要的斗争。"① 大数据在收集、传输、存储、管理、分析、使用、销毁等各环节，安全问题贯穿于始终。大数据时代，数据日益成为资源、财富、手段、工具，成为"金矿"，只是对于不同的挖掘主体会有不同的价值，也会发生不一样的安全风险。安全问题已经成为大数据技术应用的一大瓶颈。

此外，大数据技术风险还表现在数据失真、数据依赖等方面。数据量大会增加数据噪音，一些错误数据混入其中，会产生不良数据和垃圾数据；随着大数据应用的逐步深入，使用者对数据赋予过分的信任，痴迷数据，而过分依赖数据、崇拜数据，"无数据，不决策"，可能会造成严重的风险。

三　大数据技术风险的防范治理

人们越来越离不开互联网信息技术，越来越与大数据密不可分，日常行为不断地被数据化，也被大数据所笼罩和支配，甚至大数据"比我们自己更懂自己"，人类就像生活在"玻璃房"里。面临着大数据时代潜在的隐私泄露、数字鸿沟、安全危机、数据依赖等风险，如果不加以防范治理，会引发社会风险，影响社会发展秩序。习近平总书记曾强调："要切实保障国家数据安全。要加强关键信息基础设施安全保护，强化国家关键数据资源保护能力，增强数据安全预警和溯源能力。"社会建构视角下大数据技术风险的出现既有大数据技术漏洞的原因，也有人们大数据意识、相关部门大数据管理、数据占有

---

① 陈明奇、姜乐等：《大数据时代的美国信息网络安全新战略分析》，《信息网络安全》2012 年第 8 期。

者价值取向偏差等原因。因此，防范治理大数据技术风险除了提升优化大数据技术、尽可能堵塞大漏洞外，更为重要的是要注重大数据技术相关知识普及宣传、建立大数据技术道德机制、价值体系以及法律制度。

一是加强大数据相关知识的科普宣传，增强个人数据意识与理念。大数据时代，大数据赋能各行业各领域，更是与人们生活工作息息相关，个体、组织都要适应大数据环境的变化，主动适应大数据时代的生活，树立数据理念，培养用数据说话、管理和决策、用数据理解和认识现代社会变革趋势的思维，并将大数据文化应用于个体生存发展、集体组织和国家治理的全过程，实现个体发展、组织管理和国家治理与大数据的有机结合。个体大数据思维和理念的培养增强，首先，需要大数据知识的科普宣传，就像其他科技知识普及宣传教育一样，人们只有了解大数据技术及其应用，明确大数据特点，树立大数据意识和理念，才能增强数据敏感度，才能正确利用大数据，才能减少个人隐私泄露，加强数据安全保护。相关部门要面向社会公众进行针对性、实效性的大数据知识科普，尤其是面对"数据弱势群体"，帮助他们提升数据意识和能力，缩小"数字鸿沟"。其次，需要政府、企业等主体开放公共数据以及搭建共享数据价值的平台。政府、企业等公共数据的开放有利于促进数据的合理流动，并提升公众的知情权，还有助于把社会各阶层人士引入到政府、企业决策过程中来，推进政府决策、企业决策的民主化。

二是建立大数据诚信合约机制，防范数据盗用与隐私泄露。作为数据采集、存储、管理使用的重要主体的政府和数据信息管理运营商来说，除了通过数据加密、秘钥分离以及使用过滤器等技术手段确保信息安全之外，更重要的是要建立诚信合约机制，才能更有效地防范数据被盗和隐私泄露。诚信合约机制就是在政府与市场、企业与用户、用户与用户之间建立诚信合约，确保利益主体的诚信行为，违反诚信合约者纳入征信体制予以惩戒的相关制度机制。大数据时代的隐私泄露、数据买卖、安全危机等问题大多与数据拥有者、使用者的诚信有关，与该领域的诚信机制有关。要建立数据诚信制度，加强数据诚信合约管理力度，对于数据采集、存贮、管理、使用中失信企业、失信人员加强惩戒，让其为不诚信付出代价，对于那些长期恪守诚信合约的企业和个人要予以奖励性保障，增强数据诚信意识。同时，利用大数据技术记录和评价企业或个体诚信情况"倒逼"相关组织、个人遵守诚信，共同维护数据信息安全。

三是建立完善大数据相关法律制度，确保数据安全。大数据时代，数据安全是关键问题，在数据采集、传输、存储、管理、分析、使用、销毁等任何一个环节上出现纰漏，都会造成严重的影响。要建立完善相关法律制度，依法确保数据安全。当前我国大数据领域法律法规体系建设仍相对滞后，相关灰色产业滋生、侵害个人信息、损害消费者权益的现象时有发生。首先，建立健全政府数据共享开放相关法律法规。目前，支持和规范政府数据共享开放的法制建设相对薄弱，数据权利、大数据应用和流通的规则等都还有待明确，应从政府数据共享开放涉及的职责分工、平台建设、数据目录、数据的存储和传输、各方权利义务，以及国家信息安全和个人信息保护等方面，加快新法出台、现有法律文件修订及相关标准规范的制定工作，进而推动在保护国家秘密、商业秘密和个人隐私的前提下，将政府数据最大限度地开放出来，释放数据能量，激发创新活力。还要通过立法明确经脱敏或用户授权后，数据可以合法使用和自由流通的法律规则，最大限度发挥数据价值。其次，尽快出台《个人信息保护法》。目前《中华人民共和国个人信息保护法（草案）》已经公开向社会征求意见，除要解决现有立法分散、执法权力不统一、保护规则较为笼统等问题外，还应重点把握好立法定位，解决数据要素有序流动的制度性障碍问题，防范化解个人信息泄漏风险。通过完善相关法律制度，确保网络数据使用行为、数据价值在法律框架下沿着平等、公平、安全、健康、有序的轨道发展和体现。

第三节　社会建构下人工智能技术风险的防范治理

霍金曾说过："最深刻的，同时也是对人类影响与日俱增的变化，是人工智能的崛起。"人工智能被称为 21 世纪三大尖端技术（基因工程、纳米科学、人工智能）之一。进入 21 世纪以来，随着大数据时代的到来和深度学习的突破性发展以及相关技术的进步，人工智能得到快速发展。人工智能应用在教育、医疗、养老等领域有利于提高公共服务的精准性、提升人民生活本质。人工智能成为重要的生产力要素，如"人机大战"、汽车自动驾驶技术、自动人机对话等技术的发展，彰显着人工智能的强大力量，也预示着人工智能时代全新的社会风貌，随着人工智能逐步嵌入人们经济社会生活，被广泛应用到社会各个领域，也深刻改变着人类社会生活、改变着世界。但是，作为影响面广、颠覆性技术的人工智能，它的发展应用也会面临技术本身的内在风险和社会视角的人为风险，比如，AI 失效风险、滥用风险、数字安全风险、伦理风险、社会风险等。霍金也强调，人工智能也有可能是人类文明史的终结，除非我们学会如何避免危险。因此，在大力发展人工智能的同时，必须高度重视可能带来的安全风险挑战，加强前瞻预防与约束引导，最大限度降低风险，确保人工智能安全、可靠、可控发展。

一　人工智能技术的发展

人工智能，简称 AI（Artificial Intelli-gence），属于计算机学科的一个重要分支。在 1956 年的达特茅斯会议上，人工智能之父麦卡锡（John McCarthy）首先提出并将其定义为，"学习的每一个方面或智力的任何其他特征，原则上都可以如此精确地描述，以至于可以制造出一台机器来模拟它"[①]。美国斯坦福大学人工智能研究中心尼尔逊

[①]　McCarthy J., Minsky M. L., Rochester N, et al., "A Proposal for the Dartmouth Summer Research Project on Artificial Intelligence", *AI Magazine*, 1955, 27（4）: 12.

（Nilson）教授对人工智能的定义为：人工智能是关于知识的学科——怎样表示知识以及怎样获得知识并使用知识的学科。麻省理工学院（MIT）的 Winston 教授则认为，人工智能就是研究如何使计算机去做过去只有人才能做的智能工作。行业比较普遍认可的定义是：让一个算法、系统和计算机通过模仿人的智慧的方式来对外界的输入产生反应，也就是用人工研究出来的算法和程序（或通过仿真机器人）来模拟人的反应。[①] 从专业角度讲，人工智能是研究、开发用于模拟、延伸和扩展人的智能的理论、方法、技术及应用系统的一门新的技术科学。人工智能企图了解人类智能的实质，并生产出一种新的能以与人类智能相似的方式作出反应的智能机器。人工智能自 1956 年提出以来，经过几十年的发展，尤其是随着互联网、大数据、超级计算、传感网、脑科学等新理论新技术的发展，人工智能从简单逻辑推理发展到超人工智能，成为应用广泛、深刻改变人类世界的革命性、颠覆性技术，引领人类第四次工业革命，人类正迎来全新的人工智能时代。

相比传统人工智能来讲，超人工智能有以下特点：一是从人工知识表达到大数据驱动的知识学习技术；二是从分类型处理的界面或者环境数据转向跨媒体的认知、学习、推理；三是从追求智能机器到高水平的人机、脑机相互协同和融合；四是从聚焦个体智能到基于互联网和大数据的群体智能，它可以把很多人的智能集聚融合起来变成群体智能；五是从拟人化的机器人转向更加广阔的智能自主系统，不是一个单纯的机器人才叫人工智能，例如智能工厂、智能无人机系统等都是人工智能。[②] 超人工智能不但能够接近人的智能形态存在，具有更高的水平，而且主要目标是提高人的智力能力活动，融入人们日常生活中。如人工智能能为生产、生活和资源环境等社会问题发展提出

---

① 谭志明主编：《健康医疗大数据与人工智能》，华南理工大学出版社 2019 年版，第 10 页。

② 《科技部：中国发展人工智能采用市场主导制》，财新网，2017 年 7 月 22 日。

建议。在有些领域，人工智能的博弈、识别、控制、预测甚至超过人脑的能力。

人工智能在现实生活中的应用越来越广泛，当前人工智能发展的重点，从应用层面看，应用价值最大最广的包括无人驾驶、智慧金融、健康医疗、智慧教育、智能安防、智慧生活、政府热线、企业客服、智能制造、艺术创作等，人工智能的应用领域还有机器翻译、智能控制、专家系统、机器人学、语言和图像理解、遗传编程机器人工厂、自动程序设计、航天应用、庞大的信息处理、储存与管理、执行化合生命体无法执行的或复杂或规模庞大的任务，等等。人工智能快速发展和广泛应用，呈现出深度学习、跨界融合、人机协同、群智开放、自主操控等新特征，正在引发链式突破，推动经济社会发展从数字化、网络化向智能化加速跃进。

二　人工智能技术风险表现

人工智能作为引领新一轮科技革命和产业革命的战略性技术，正在成为驱动经济社会各领域从数字化、网络化向智能化加速跃升的重要引擎，向全社会全领域赋能。人工智能技术的突飞猛进，使人们产生了技术无所不能的幻象，然而，技术的进步是一把"双刃剑"。人工智能技术在赋能各行业各领域创新转型加速发展、提升人类社会风险防控能力和生活品质、为保障国家网络安全提供新手段的同时，也带来冲击网络安全、劳动就业、社会伦理等问题，对国家政治、经济、社会安全带来风险和挑战。

人工智能技术发展带来哪些风险？2017 年，国务院发布的《新一代人工智能发展规划》中提到人工智能发展的不确定性带来新挑战，必须高度重视。认为人工智能可能带来改变就业结构、冲击法律与社会伦理、侵犯个人隐私、挑战国际关系准则等问题。2018 年，中国信息通信研究院安全研究所编制的《人工智能安全白皮书》发布，强调人工智能的风险类型包括网络安全风险、数据安全风险、算法安全风险、信息安全风险、社会安全风险和国家安全风险。美国智库"新美国安全中心"发布的《人工智能：每个决策者需要知道什么》报告提示人工智能的一些弱点可能对国家安全等领域造成巨大影响。这些弱点包括人工智能的脆弱性、不可预测性、弱可解释性、安全问题和漏洞、系统事故、人机交互失败、机器学习漏洞可被对手利用等。2019 年，中国国家人工智能标准化总体组所发布《人工智能伦理风险分析》的报告，认为人工智能伦理风险包括算法伦理风险、数据伦理风险、应用伦理风险三个方面。总的来讲，人工智能发展必然伴随着风险是共识，人工智能技术风险主要表现为两大类：一是技术本身的内在风险；二是技术的社会风险，即社会视角的人工智能风险。

人工智能技术的内在风险主要是由于人工智能技术本身不完善或技术本身特性导致的风险，比如人工智能技术决策过程的不可解释性、容易被干扰、无法有效识别对象的性质、习得意外的决策路线等本身的缺陷，导致人工智能无法有效实现或偏离原初所设定的既定目标产生的风险；再有人工智能技术所拥有的自主性及学习性特征，使其相比其他人工物或技术，具有更强的不可控性，并且能够自我进化与发展迭代，容易导致"技术失控"，甚至产生超越人类的争论，带来技术伦理风险。

人工智能技术的人为性风险就是由于人为因素、社会层面的因素导致人工智能技术在研发、使用、传播过程中形成的各种风险，比如人工智能滥用，会导致出现违背本国法律造成不良后果的风险、超越伦理约束或道德认知的风险；精密部署的人工智能监控技术带来的侵犯隐私的问题；人机情感交互可能对传统的家庭伦理、社会道德、风俗文化等产生的冲击，等等；人工智能研发人员数据选择中的主观偏好以及可能存在的种族歧视、性别偏见等价值偏差可能会导致预测不准、决策不公等社会问题；再比如超越人类智能、具有自我意识的智能机器人是否具备人格和人权的"机械伦理学"问题。2017 年，欧盟委员会在一份报告中提到了应该考虑机器人的法律地位，此举引起了人工智能学家的强烈反对，掀起巨大的舆论风波。此外，社会视角的人工智能风险还包括意识形态（包括政治）风险、社会风险、军事风险、医疗风险等；比如人工智能应用可能会导致资源获取、财富积累、受教育水平之间的差距拉大，强者越强、弱者越弱，进而导致社会不公，加剧贫富差距。智能机器人技术的成熟应用使大规模自动化生产成为可能，这将导致劳动密集型产业的从业人员面临"结构性失业"的风险。还有人工智能技术可能被恶意使用，如精准且规模化地干扰及控制人们的思想和认知等的风险，2017 年全国首例利用人工智能侵犯公民信息犯罪案破获，就是先利用人工智能技术识别图片验证码再通过撞库软件非法获取公民的个人信息。因此，人工智能技术最大的生存威胁主要在于人为制造的风险，尤其是人工智能与互联网、大数据的结合，使得人工智能技术使用风险的防范治理变得更为紧迫。

三　人工智能技术风险的防范治理

2018 年 10 月 31 日，习近平总书记在中共中央政治局集体学习会议上强调："要加强人工智能发展的潜在风险研判和防范，维护人民利益和国家安全，确保人工智能安全、可靠、可控。"人工智能是技术属性和社会属性的集合体、兼具工具理性和价值理性、正效益和副作用可能长期并存，对其风险防范治理必须加强顶层设计，从治理的视角，通过多元主体多领域协作来进行。我国非常重视人工智能安全问题，2017 年，为促进新一代人工智能健康发展，加强人工智能法律、伦理、社会问题研究，积极推动人工智能全球治理，科技部宣布成立新一代人工智能发展规划推进办公室，2019 年，宣布成立国家新一代人工智能治理专业委员会。6 月 17 日，国家新一代人工智能治理专业委员会发布《新一代人工智能治理原则——发展负责任的人工智能》，提出了人工智能治理的框架和行动指南，明确提出了和谐友好、公平公正、包容共享、尊重隐私、安全可控、共担责任、开放协作、敏捷治理等八项原则，确保人工智能安全可控可靠，推动经济、社会及生态可持续发展，共建人类命运共同体。

人工智能技术风险包括技术内在风险和人为风险。应对技术本身带来的风险应加强人工智能网络安全技术研发，构建动态的人工智能研发应用评估评价机制，强化人工智能产品和系统网络安全防护，抵御网络攻击。围绕人工智能设计、产品和系统的复杂性、风险性、不确定性、可解释性、潜在经济影响等问题，开发系统性的测试方法和指标体系，建设跨领域的人工智能测试平台，推动人工智能安全认证，评估人工智能产品和系统的关键性能。当前，最主要的是人为风险或者社会层面的风险的防范治理，防范治理人工智能的人为风险或者社会风险应从以下几方面考虑：

一是提高人工智能伦理风险认识。首先，要加大技术伦理宣传力度，提高技术主体和社会公众的伦理道德意识。技术主体在科学研究和应用活动中，不仅应当坚持理性的科学精神，更要坚持理性的人文关怀，让技术增进人类福祉和推动社会发展的同时，也能体现出对个人尊严和价值的尊重。通过加强对技术人员数据伦理准则和道德责任的教育培训，使其遵守伦理道德底线。通过对人工智能技术的起源、现状、未来的宣传，提升公众对人工智能技术伦理风险的认知力，帮助其理性认识人工智能风险。其次，要加强技术主体的责任意识教育。明晰技术主体的道德责任，加强其对技术开发过程中责任意识的理解，使其接受"责任伦理"，并最终转化为道德自律，一定程度上能够防范人工智能风险的发生。再次，要研究制定伦理标准。成立由政府相关机构、行业协会、学术科研机构、企业代表以及社会公众等组成的人工智能伦理委员会，不断研判人工智能技术发展趋势，并根据我国国情，制定人工智能道德规范和行为守则等相关伦理准则。

二是构建人工智能安全监测预警机制和监管机制。加强对人工智能技术发展的预测、研判和跟踪研究，坚持问题导向，准确把握技术和产业发展趋势。增强风险意识，重视风险评估和防控，强化前瞻预防和约束引导。建立健全公开透明的人工智能监管体系，实行设计问责和应用监督并重的双层监管结构，实现对人工智能算法设计、产品开发和成果应用等的全流程监管。要成立政府监管机构，通过制定战略计划、完善配套设施，加强算法治理与监管。促进人工智能行业和企业自律，切实加强管理，加大对数据滥用、侵犯个人隐私、违背道德伦理等行为的惩戒力度，打造健康有序的人工智能发展环境。

三是建立保障人工智能健康发展的法律法规体系。目前，我国针对人工智能技术的相关法律法规尚不健全。应该把人工智能方面立法列入抓紧研究项目，围绕相关法律问题，进行深入调查论证，为人工智能创新发展提供有力法治保障。包括开展与人工智能应用相关的民事与刑事责任确认、隐私和产权保护、信息安全利用等法律问题研究，建立追溯和问责制度，明确人工智能法律主体以及相关权利、义务和责任等。重点围绕自动驾驶、服务机器人等应用基础较好的细分领域，加快研究制定相关安全管理法规，为新技术的快速应用奠定法律基础。还要完善促进、监管智能产业发展的政策法律。通过立法，明确研发、市场等准入规范，制定涉及安全、隐私、伦理等标准，明确人工智能开发主体的法律责任。

四是加强全球治理。人工智能所带来的风险具有全球性，超越了国家边界。在这场席卷全球的颠覆性变革中，任意一个问题都可能是全球性的问题，任何一个国家都可能无法独立解决这一问题。网络作为一个巨大的整体，世界面临的不是某个个体、职业被替代的问题，而是整个人类社会作为一个整体与网络、人工智能在对抗。人工智能不仅仅是一个技术层面的创新，而是国家发展、社会治理、国际竞争的战略性要素，各国需要秉承互利互惠原则，推进共同治理，让每个人都能共享人工智能技术发展的红利。

参考文献

艾志强、沈元军：《论科技风险相关社会主体间的认知差异、成因与规避》，《理论导刊》2014 年第 4（95）期。

安维复：《社会建构主义的"更多转向"》，中国社会科学出版社 2008 年版。

曹建新、杨年保：《我国核电技术发展的路线选择问题演变与启示》，《学术界》2013 年第 2 期。

曹新：《中国能源发展战略问题研究》，中国社会科学出版社 2012 年版。

陈方强、王青松、王承智：《我国核电公众态度和参与现状及对策》，《能源研究与信息》2014 年第 1（18）期。

陈海嵩：《风险社会中的公共决策困境——以风险认知为视角》，《社会科学管理与评论》2010 年第 1（94）期。

陈一香：《科技灾难的风险沟通：以台湾媒体对日本 3.11 地震的民意再现为例》，《西南民族大学学报》（人文社会科学版）2015 年第 4（184）期。

方芗：《社会信任重塑与环境生态风险治理研究——以核能发展引发的利益相关群众参与为例》，《兰州大学学报》（社会科学版）2014 年第 5（67）期。

方芗：《中国核电风险的社会建构——21 世纪以来公众对核电事务的参与》，社会科学文献出版社 2014 年版。

高端喜：《如何化解核电"邻避效应"》，《中国核工业》2014 年第 10
　　（50）期。

龚维斌：《中国社会治理研究》，社会科学文献出版社 2014 年版。

郭小平：《风险社会的媒体传播研究：社会建构论的视角》，学习出
　　版社 2013 年版。

郭跃、汝鹏、苏竣：《科学家与公众对核能技术接受度的比较分
　　析——以日本福岛核泄漏事故为例》，《科学学与科学技术管理》
　　2012 年第 2（153）期。

胡象明、王锋、王丽等：《大型工程的社会稳定风险管理》，新华出
　　版社 2013 年版。

胡小勇、李静等：《社会阶层的心理学研究：社会认知视角》，《心理
　　科学》2014 年第 37（6）期。

胡欣欣：《福岛核事故及其对日本核电事业的影响》，《东北亚学刊》
　　2013 年第 3（23）期。

姜子敬、尹奎杰：《中国风险社会的治理研究：回顾与展望》，《河海
　　大学学报》（哲学社会科学版）2015 年第 6（49）期。

李小敏、胡象明：《邻避现象原因新析：风险认知与公众信任的视
　　角》，《中国行政管理》2015 年第 3（134）期。

刘兵、汪昕、费赫夫：《我国核电技术的能力演进与追赶路径》，《南
　　华大学学报》（社会科学版）2013 年第 1（1）期。

刘金平、周广亚、黄宏强：《风险认知的结构：因素及其研究方法》，
　　《心理科学》2006 年第 2（371）期。

刘金平：《理解·沟通·控制：公众的风险认知》，科学出版社 2011
　　年版。

刘宽红：《反思核风险，重视民生安全文化建设——关于核风险及其
　　规避相关几个问题的哲学思考》，《自然辩证法研究》2011 年第 9
　　（53）期。

刘岩：《风险的社会建构：过程机制与放大效应》，《天津社会科学》

2010 年第 5（74）期。

陆玮、唐炎钊、杨维志等：《核电的公众接受性诊断及对策研究——广东核电公众接受度实证研究》，《科技进步与对策》2003 年第 9（21）期。

陆学艺：《当代中国社会结构》，社会科学文献出版社 2010 年版。

罗英豪：《建构主义理论研究综述》，《上海行政学院学报》2006 年第 5（88）期。

《马克思恩格斯全集》（第 1 卷），人民出版社 1956 年版。

《马克思恩格斯全集》（第 20、47 卷），人民出版社 1971、1979 年版。

潘自强：《如何提高核能可接受性》，《中国核工业》2012 年第 6（16）期。

彭峰、翟晨阳：《核电复兴、风险控制与公众参与——彭泽核电项目争议之政策与法律思考》，《上海大学学报》（社会科学版）2014 年第 4（102）期。

全燕：《信任在风险沟通中的角色想象》，《学术研究》2013 年第 11（59—60）期。

任玉凤、刘敏：《社会建构论从科学研究到技术研究的延伸》，《内蒙古大学学报》（人文社会科学版）2003 年第 4（4）期。

盛文林：《人类历史上的核灾难》，台海出版社 2011 年版。

时振刚、张作义、薛澜：《核能风险接受性研究》，《核科学与工程》2002 年第 9（195）期。

谭爽、胡象明：《核电工程社会稳定风险预警机制研究》，新华出版社 2013 年版。

谭爽、胡象明：《特殊重大工程项目的风险社会放大效应及启示——以日本福岛核泄漏事故为例》，《北京航空航天大学学报》（社会科学版）2012 年第 2（23）期。

田愉、胡志强：《核事故、公众态度与风险沟通》，《自然辩证法研究》2012 年第 7（62）期。

王锋：《当代风险感知理论研究：流派、趋势与论争》，《北京航空航天大学学报》（社会科学版）2013 年第 5（18）期。

王甫勤：《风险社会与当前中国民众的风险认知研究》，《上海行政学院学报》2010 年第 2（83）期。

王娟：《影响技术风险认知的社会文化建构因素》，《自然辩证法研究》2013 年第 8（92）期。

卫莉、李光：《论信任与公众对风险技术的认知与接纳》，《科学技术与辩证法》2006 年第 6（106）期。

文慧、聂伟：《大众传媒的核风险建构与反思——以〈人民日报〉日本核事故报道为例》，《新闻前哨》2011 年第 9（49）期。

吴幸泽：《基于感知风险和感知利益的转基因技术接受度模型研究》，中国科学技术大学，博士学位论文，2013 年。

伍浩松译：《日本核能的逻辑梳理与公众态度》，《国外核新闻》2015 年第 4（4）期。

徐振宇、陈凌云、李捷理：《对中国核电安全性的反思》，《经济研究参考》2013 年第 51（45）期。

薛晓源、刘国良：《全球风险世界：现在与未来——德国著名社会学家、风险理论创始人贝克教授访谈录》，《马克思主义与现实》2005 年第 1（45、48）期。

杨波：《公众核电风险的认知过程及对公众核电宣传的启示》，《核安全》2013 年第 1（56）期。

杨雪冬：《风险社会理论述评》，《国家行政学院学报》2005 年第 1（88）期。

尹利民、全文婷：《利益分享与社会整合：社会稳定风险的防范——以 P 核电项目移民安置为例》，《南昌大学学报》（人文社会科学版）2014 年第 3（44）期。

曾志伟、蒋辉、张继艳：《后福岛时代我国核电可持续发展的公众接受度实证研究》，《南华大学学报》（社会科学版）2014 年第 1（4）期。

张广利、黄成亮：《风险社会演进机理研究》，《华东理工大学学报》（社会科学版）2015 年第 3（1）期。

张虎彪：《风险的社会建构——风险社会理论的认识论研究》，《兰州学刊》2008 年第 3（90）期。

张乐、童星：《公众的"核邻避情结"及其影响因素分析》，《社会学研究》2014 年第 1（105）期。

张乐：《风险的社会动力机制》，社会科学文献出版社 2012 年版。

赵万里：《科学技术与社会风险》，《科学技术与辩证法》1998 年第 3（50）期。

郑永年、黄彦杰：《风险时代的中国社会》，《文化纵横》2012 年第 5（51、55）期。

周涛、段军、邹文重、汝小龙：《福岛核事故后增强中国公众对核电心理认知度的对策刍议》，《环境保护与循环经济》2011 年第 11（14）期。

周战超：《当代西方风险社会理论引述》，《马克思主义与现实》2003 年第 3（53）期。

竹立家：《风险社会与国家治理现代化》，《阅江学刊》2014 年第 6（5）期。

［德］奥尔特温·雷恩、［澳］伯内德·罗尔曼：《跨文化的风险感知》，赵延东、张虎彪译，北京出版社 2007 年版。

［德］迈诺尔夫·迪尔克斯、克劳迪娅·冯·格罗特：《在理解与信赖之间：公众、科学与技术》，田松、卢春明、陈欢译，北京理工大学出版社 2006 年版。

［德］乌尔里希·贝克：《风险社会》，何博闻译，译林出版社 2004 年版。

［美］R. K. 默顿：《科学社会学》，鲁旭东、林聚任译，商务印书馆 2010 年版。

［美］珍妮·X. 卡斯帕森、罗杰·E. 卡斯帕森：《风险的社会视野》

（上），童蕴芝译，中国劳动社会保障出版社 2010 年版。

［英］安东尼·吉登斯：《失控的世界》，周红云译，江西人民出版社 2001 年版。

［英］巴里·巴恩斯、大卫·布鲁尔、约翰·亨利编著：《科学知识：一种社会学的分析》，邢冬梅、蔡仲译，南京大学出版社 2004 年版。

［英］芭芭拉·亚当、［德］乌尔里希·贝克、［英］约斯特·房·龙：《风险社会及其超越：社会学理论的关键议题》，赵延东、马缨等译，北京出版社 2005 年版。

［英］尼克、皮金、［美］罗杰·E. 卡斯帕森、保罗·斯洛维奇编著：《风险的社会放大》，谭宏凯译，中国劳动社会保障出版社 2010 年版。

［英］斯科特·拉什：《风险社会与风险文化》，《马克思主义与现实》2002 年第 4（52－53）期。

［英］维克托·迈尔－舍恩伯格、肯尼思·库克耶：《大数据时代》，周涛译，浙江人民出版社 2013 年版。

［英］谢尔顿·克里斯基、多米尼克·戈尔丁：《风险的社会理论学说》，北京出版社 2005 年版。

Beck Ulrich, *Risk Society：Towards a New Modernity*, London：Sage, 1992.

后　记

　　风险社会理论是对现实世界也是对未来世界可能存在或者说已经存在的"社会疾病"进行分析诊断后得出的结论，阐明了风险社会和现代性的关系。现代性在使人类增强掌控自己命运对付不确定性的技术控制能力的同时，自身也成为最大的不确定性。风险社会就是现代化发展的产物，体现了现代化的自反性。正如贝克所言，现代风险是一种自反性现代化的产物，它"可以被界定为系统地处理现代化自身引致的危险和不安全感的方式"。在当下中国，风险社会理论已经渗入学界各个学科领域，引起各学科领域学者对中国风险社会的关注和解读。尤其是自然灾害、公共卫生事件等风险事件频发多发的风险状态使得大多数学者赞同中国已经进入风险社会；而有的学者从贝克所强调的后工业社会条件认为中国还处在工业社会阶段，因而不能说中国进入风险社会；有的学者承认现在中国风险纷繁复杂，但风险形成和运行的机制并不同于贝克所言的风险，认为不能简单用风险社会理论来界定中国的风险状态。各个学者的认识不一，恰恰说明中国多个发展阶段、传统现代风险并存的现实。在研究过程中，就存在属于现代性风险的核电风险在尚未进入后工业社会或者说工业社会的乡村社会如何被认知及防范的问题。虽然现实发生的多重风险使乡村社会的人们风险意识普遍增强，也会有对科技质疑的声音回应已经发生的核事故、化工产品爆炸事故、生态灾难等科技风险问题，但乡村社会大多数人还处在"科学技术崇拜"中，谈不上对科学技术的反思。

在中国出现了现代性风险产生和运行过程背景的割裂现象，这种现象还不完全是贝克所说的现代性风险的分配不公或风险转移的问题。因此，风险社会理论在中国实际中运用得更为复杂，不能完全解释现代中国的社会状况和风险状态。

但是，风险社会作为现代化进程中自我消解的意外性后果。某种程度上讲，也是西方现代性无节制发展的后果，作为现代性自反理论的风险社会理论值得人类反思，尤其是后现代化国家、行进在现代化进程中的国家。虽然有学者认为不应该简单把风险社会理论套用在中国社会，但处在现代化转型中的中国，各地发展不均衡，后工业社会、工业社会甚至前工业社会同时并存，即存在"我饿"又存在"我怕"的社会发展动力机制，现代性风险与传统风险交织共存，复杂多样，如何规避应对传统性风险中带来的现代性风险？如为解决粮食短缺的转基因技术、应对生物个体发展中问题的克隆技术等。如何避免不断发展的科学技术的"飞来去器效应"？如何避免现代社会个体或组织的行为导致未来社会的风险？推进现代化进程需要不断发展科学技术，但如何能确定不断升级的技术未来会不会带来更大的风险呢？因此，科学技术的理性思维、现代性自反思维应该成为执政者和专家的常态思维。在防范、处理风险上提升对社会的责任感应该成为个人和组织遵循的伦理原则。

最后，感谢所有为书稿的完成给予帮助支持的专家学者、我的博士导师及同门师弟师妹们！感谢调查访谈中予以配合支持的相关人员！感谢为此书出版付出辛劳的出版社编校、排印等工作人员！本书虽然历经多次修改完善，但限于个人知识结构、学术能力等因素，难免有疏漏和不当之处。敬请专家和读者批评指正！

崔玉丽

2021 年 1 月 16 日